사소해서
물어보지 못했지만
궁금했던
이야기 4

사소해서
물어보지 못했지만
궁금했던
이야기 4

사물궁이 잡학지식 기획

김경민, 권은경, 김희경, 윤미숙 지음

arte

프롤로그
사소한 질문으로 세상과 만나다

　자연에 대한 지식이 거의 없던 옛날 사람들에게 자연은 미지와 두려움의 대상이었습니다. 그런데 평소처럼 하늘을 바라보다가 문득 머리를 스친 "해는 왜 뜨고 질까?"라는 사소한 질문의 답을 찾는 과정에서 사람들은 우주와 시간을 이해하게 되었고, "강은 왜 바다로 흐를까?"라는 질문을 탐구하는 과정에서 지구에 작용하는 힘과 물질의 순환을 알게 되었습니다. 우리는 현실의 과업이나 당장의 할 일과 직결되지 않은 호기심을 '사소한' 궁금증이라고 여기지만, 과학사에서는 이러한 사소한 궁금증이 인류 문명의 발전에 한 획을 긋는 위대한 발견의 시작점이 될 수도 있습니다. 설령 그렇지 않더라도 일상에서 만난 사소한 궁금증을 탐구하며 새로운 사실을 알고 이해해 가는 과학적 과정은 인간의 삶을 조금 더 풍요롭게 하고 지적인 즐거움을 충족시켜 주기도 합니다. 단지 시험을 치기 위한 수단으로 과학을 배운다면 과학이 어렵고 따분한 과목으로 느껴질 수도 있지만, 어린 시절 호기심에 가득한 반짝이던 눈으로 세상을 바라본다면 세상을 바라보는 관점이 넓어지고 과학이 조금 더 즐거워질 수 있을 것입니다.

이 책은 일상에서 마주치는 사소하지만 위대한 질문들을 해결하는 데에 도움이 되기를 바라며 생물, 물리, 화학, 지구과학을 주제로 32개 질문을 분류하여 엮었습니다. 현상에 대한 쉬운 설명과 더불어 꼬리에 꼬리를 무는 것처럼 자연스럽게 깊이 있는 내용까지 다루고자 했으니, 이 책을 통해 무심히 넘겼던 작은 궁금증에 답을 찾아 가면 좋겠습니다. 그리고 그 과정에서 세상을 보는 시야가 넓어지는 지적 즐거움을 경험하기를 바라겠습니다.

차례

1부

자다가도 생각나는
생물 호기심

01

디저트 먹는 배가
정말 따로 있을까?

우스갯소리로 밥 먹는 배가 따로 있고 디저트 먹는 배가 따로 있다고 합니다. 위가 여러 개인 소나 양과 달리 인간의 위는 한 개이지만, 아무리 배불리 식사를 해도 달콤한 디저트를 보면 금세 식욕이 돋곤 합니다. 디저트 먹는 배가 정말 따로 있기라도 한 걸까요?

사실 인간이 디저트를 먹어도 될지 고민할 정도로 먹을거리가 많아지고 비만을 걱정하기 시작한 것은 아주 최근의 일입니다. 문화권이나 계급에 따라 다르겠지만 인류는 보편적으로 아침과 저녁 두 끼를 먹었고, 점심은 비교적 최근에 등장했습니다. 농경사회 이전으로 돌아간다면 인간에게 식사는 사냥에 성공한 날에나 가능했고. 그마저도 정말 며칠에 한 번꼴이었을 것입니다. 우리 조상들에게 비만을 걱정하는 현대인들의 고민은 배부른 푸념처럼 들리겠지만.

먹을 수 있을 때 가능한 많이 먹어 두어 에너지를 살로 저장하려는 생존 방식은 조상들로부터 물려받은 것일지도 모릅니다.

사실 수명과 몸무게의 상관관계를 보면 너무 마르거나 너무 뚱뚱한 사람보다 적당히 통통한 사람의 수명이 긴 편입니다. 이는 **백색지방**white adipose과 관련이 있습니다. 적당량의 백색지방은 '착한 호르몬'이라는 별명을 가진 **아디포넥틴**adiponectin을 분비합니다. 아디포넥틴은 지방의 저장을 방지함으로써 지방의 사용량을 늘립니다. 또 혈당조절에도 관여해서, 아디포넥틴의 양이 충분하지 않을 경우 식후 혈당이 지속적으로 높게 유지됩니다. 그래서 아디포넥틴은 다이어트에 도움을 주며 당뇨병과 동맥경화 등 성인병을 예방해 주는데, 건강한 노인의 아디포넥틴 양은 평균의 두 배라는 연구 결과도 있습니다. 즉 적당히 통통한 정도의 체중 유지는 생존 가능성을 높일 수 있고, 이를 위해 식욕이 촉진되는 것입니다. 그리고 같은 맥락

에서 식사 후 디저트까지 먹으려는 우리의 행동도 관련이 있다고 볼수 있습니다.

우리 몸에는 식욕을 촉진하는 물질과 식욕을 억제하는 물질이 생성되어 분비됩니다. 오랜 시간 밥을 먹지 않으면 간에서 중성지방이 분해되어 사용되고, 이때 지방분해 물질인 지방산의 혈중농도가 올라가게 됩니다. 또 위에서는 허기를 느끼게 하는 호르몬인 **그렐린** ghrelin이 분비되고, 뇌의 시상하부에서는 **오렉신** orexin이 분비되어 식욕을 촉진합니다. 반대로 배불리 밥을 먹고 나면 혈중 포도당 농도가 오르고, 인슐린 분비가 증가하며, 지방세포에서 포만감을 느끼게 하는 호르몬인 **렙틴** leptin이 분비되어 식욕을 억제합니다. 이런 물질들이 뇌의 시상하부에 작용하며 상황에 따라 우리는 식욕을 느끼거나, 포만감을 느낍니다.

여기서 주제의 의문이 생깁니다. 식사를 마치고 포만감을 느낀다면

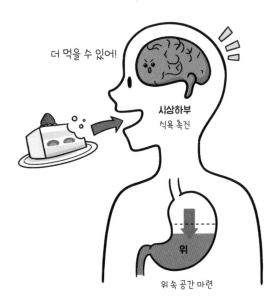

더 먹을 수 있어!

시상하부
식욕 촉진

위

위 속 공간 마련

식욕이 억제돼야 할 텐데, 배가 불러도 디저트를 찾게 되는 이유가 뭘까요? 이는 뇌의 시상하부와 전두연합령의 작용으로 설명할 수 있습니다. 평소 시상하부는 체온, 배고픔, 갈증, 수면 등을 조절하며, 전두연합령은 사고, 판단 등을 관장합니다. 맛있는 디저트를 보고 냄새를 맡는 것만으로도 시상하부에서는 오렉신을 분비합니다. 오렉신이 분비되면 위장 운동이 조절되며 위 속 음식물 중 일부가 소장으로 보내집니다. 평소 공복 상태에서는 작용하지 않던 전두연합령이 디저트 앞에선 위 입구의 근육을 이완시켜 위에 디저트가 들어갈 공간을 만드는 것입니다.

결국 "밥 먹는 배 따로 있고 디저트 먹는 배 따로 있다"라는 말은 일부는 맞고 일부는 틀린 말입니다. 디저트 전용 위가 따로 있는 것은 아니지만 디저트를 먹기 위해 뇌가 위 속 공간을 비우니까 말입니다. 열량이 높고 맛까지 있는 음식을 먹을 수 있을 때 많이 먹어 몸에 저장함으로써 생존 가능성을 높이려는 생존 본능이 우리 몸에 남아 있는 것은 아닐까요? 그렇다고 본능 핑계를 대며 과식하지 말고, 내 몸에 필요한 에너지만큼만 섭취해 적절한 체중을 유지하도록 노력해야겠습니다.

02

동물의 눈은 왜
다 다르게 생겼을까?

    고양이의 눈동자는 밤에는 동그랗지만 낮에는 세로로 찢어진 듯 길쭉해 보입니다. 그래서 어두운 곳에서 고양이의 눈은 개나 인간의 눈과 비슷하지만 밝은 곳에서는 뱀이나 악어 같은 파충류의 눈과 비슷합니다. 여기서 주제의 의문이 생깁니다. 동물들의 눈은 왜 저마다 다르게 생겼을까요?

    질문에 답하기 위해선 우선 눈의 기본 구조를 알아야 합니다. 포유류의 눈을 정면에서 보면 빛이 들어오는 **동공**瞳孔과, 동공으로 들어오는 빛의 양을 조절하는 **홍채**虹彩를 관찰할 수 있습니다. 측면에서 보면 눈동자를 덮고 있는 투명한 막인 **각막**角膜이 있고, 각막에서 빛은 한 번 굴절됩니다. 먼 곳이 잘 보이지 않는 근시 환자들은 라식이나 라섹 수술을 하곤 하는데, 이는 각막 일부를 깎아 굴절률을 조

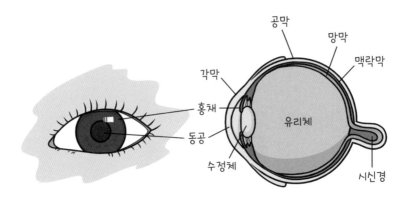

절함으로써 상이 **망막**網膜에 정확히 맺히게 하는 수술입니다. 눈의 가장 안쪽에 있는 막인 망막에는 빛이나 색을 감지하는 세포가 분포되어 있습니다. **수정체**水晶體는 동공 안쪽에 있는 투명한 렌즈로, 각막에서 굴절된 빛을 한 번 더 굴절시켜 초점을 망막에 맞춥니다. 수정체는 가까운 곳을 볼 때 두꺼워지고, 먼 곳을 볼 때 얇아집니다. **맥락막**脈絡膜은 안구의 뒤쪽을 싸고 있는 막으로 멜라닌 색소가 많아 외부의 빛을 차단하며, 혈관이 많이 분포해서 눈에 영양과 산소를 공급합니다. **공막**鞏膜은 흰자위에 해당하는 부분으로 안구를 보호합니다. **유리체**琉璃體는 수정체와 망막 사이에 채워진 액체로 빛을 통과시키고 안구의 형태를 유지해 줍니다.

고양이의 눈은 빛에 따라 홍채가 조절되며 동공 모양이 변화합니다. 동공이 커졌을 때와 작아졌을 때의 차이가 최대 135배나 나는데, 사람이 15배 정도 차이인 걸 생각해 보면 그 변화 폭이 매우 큽니다. 세로로 긴 동공은 특정 장면을 집중해서 보는 데 유리합니다. 상대적으로 가까운 먹이를 사냥하는 데 유리하다는 의미입니다. 고

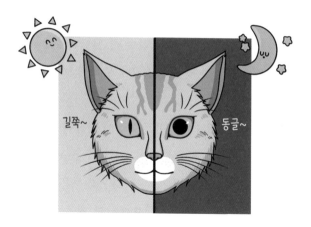

양이와 비슷한 눈을 가지고 있는 동물에는 여우나 뱀 등이 있는데, 이들도 가까운 곳에 있는 먹이를 사냥해서 살아가는 동물입니다.

그렇다면 반대로 가로로 긴 형태의 동공을 가진 동물은 없을까요? 말, 얼룩말, 양, 염소 등의 초식동물들이 이런 동공을 가지고 있습니다. 가로로 긴 눈은 지평선과 동공이 수평이 되어 넓은 범위를 인지하는 데 유리하며, 포식자를 발견하는 데 도움이 됩니다. 특정 장면을 집중해서 보는 것이 아니라 넓은 범위를 봄으로써 생존 가능성

초식동물의 동공은
가로로 길다.

을 높이는 것입니다. 또한 두 눈이 얼굴 정면에 위치한 육식동물과 달리 초식동물은 두 눈이 얼굴의 양옆에 위치해 360°에 가까운 시야를 가집니다.

이외에도 동공의 형태가 다양한 동물들이 있습니다. 이들의 동공은 밝은 곳에서는 대부분 둥근 모양이지만 어두운 곳에서는 특징적인 형태를 띱니다. 가오리나 광어, 일부 개구리 등은 동공이 초승달 모양입니다. 초승달 모양 동공은 물속에서의 왜곡을 줄이고, 상의 대비를 강화해서 숨어 있는 먹잇감이나 포식자를 발견하는 데 유리합니다.

가오리의 동공은
초승달 모양!

갑오징어는 동공이 W 모양인데, 이 구조는 초승달 형태보다 조금 더 기능적으로 발달한 것으로 보입니다. 이 모양은 빛이 여러 방향에서 들어오게 해서 앞과 뒤를 동시에 볼 수 있게 하며, 먼 거리를 보는 데에 유리합니다.

갑오징어의 동공은
W 모양

야행성 도마뱀과 일부 어류에게서는 구슬이 박힌 듯한 형태의 세로로 긴 동공을 볼 수 있습니다. 각 구멍에서 들어온 빛은 망막에 서로 다른 상을 맺는데, 이를 뇌에서 종합해 비교함으로써 이들은 움직이지 않고도 주변 사물의 거리를 측정할 수 있습니다. 이렇듯 동공 형태의 다양성을 통해 동물의 다양한 생활상을 파악할 수 있습니다.

도마뱀의 동공은
세로로 올록볼록!

03

가만히 있는데
왜 가려울까?

『조선왕조실록』과 『승정원일기』 등의 역사서에 가장 많이 등장하는 질병 중 하나는 바로 소양증(가려움증)입니다. 조선 왕 중 가장 장수한 영조는 "가려운 것이 아픈 것보다 더 견디기 힘들다"라고 말했는데, 그는 기생충으로 생긴 소양증을 앓았습니다. 인조와 숙종 역시 간질환으로 인한 소양증을 앓았습니다. 흥미로운 점은 현대인들이 피부과를 찾는 가장 흔한 이유 중 하나도 가려움증 때문이라는 사실입니다. 그만큼 가려움증은 인간의 역사에서 가장 오래되고 가장 많은 사람이 느끼는 질병입니다.

그렇다면 가려움을 느끼는 이유는 무엇일까요? 추정되는 원인은 매우 다양하지만 원인이 명확히 밝혀진 경우는 극히 일부입니다. 원인이 밝혀진 가려움증은 다음과 같습니다. 먼저 가장 보편적

인 원인은 피부가 건조하기 때문입니다. 나이가 들수록, 여름보다는 겨울에 가려움증이 심해지는 이유도 같습니다. 나이가 들면 피지분비가 감소되어 피부가 더 빨리 건조해지며, 겨울이 여름보다 더 건조하기 때문입니다. 아토피 환자 역시 특정 부위의 염증과 피부 건조로 인해 가려움을 심하게 느낍니다.

모기에 물려도 가려움을 느끼게 됩니다. 모기는 피를 빨아 먹기 위해서 우리 몸에 혈액이 굳지 않도록 하는 항응고제를 넣는데, 이때 우리 몸은 **히스타민**histamine을 분비합니다. 히스타민은 알레르기 작용을 유발하여 코와 기관지 점막에서 점액을 분비하게 하고, 땀, 위산, 침 등의 분비를 촉진합니다. 또한 모세혈관을 확장하고 투과성을 증가시키며, 신경 말단에서 가려움증과 통증을 유발합니다. 그래서 모기에 물리면 해당 부위가 부풀어 오르며 가려워집니다.

이외에도 인조와 숙종처럼 간질환을 앓거나, 신부전과 같은 신장

건조한 피부

모기

간질환, 신장질환

두드러기

화학물질

가려움의 원인

이상이 생겨도 가려움증을 느끼게 됩니다. 또한 두드러기가 나거나, 임신 말기거나, 염색약이나 세제 등의 화학물질로 인한 자극이 있을 때에도 피부는 쉽게 가려워집니다. 그리고 밤에는 낮보다 가려움을 느끼기 쉬운데, 외부 자극이 적은 밤에는 내부 자극에 대한 반응이 더 민감해지기 때문입니다.

　지금 이 글을 읽고 있는 여러분은 어딘가를 긁고 있을지 모릅니다. 가려움을 느끼면 보통은 긁게 되는데, 이는 다른 자극을 가함으로써 가려움에서 주의를 돌리는 것입니다. 툭하면 가려운 피부가 거슬린다고 생각할 수도 있지만, 반대로 생각해 보면 피부에서 가려움을 느끼는 것은 우리 몸에 어떤 위험이 생겼을 때 그것을 제거하여 우리 몸을 보호하기 위함임을 알 수 있습니다.

　그렇다면 긁는 행위 외에 가려움증에 대처하는 방법은 없을까요? 가장 일반적인 방법은 피부에 보습제를 바르는 것입니다. 물론 이

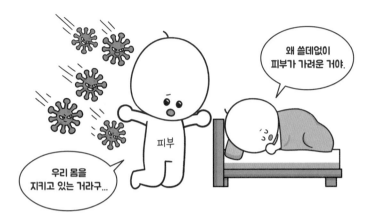

는 건조로 인한 가려움증에만 효과가 있기에 가렵다고 무조건 보습제를 많이 발라서는 안 됩니다. 그다음으로 많이 사용되는 치료 방법은 항抗히스타민제를 복용하는 것입니다. 이름에서 알 수 있듯 항히스타민제는 히스타민을 억제하는 약입니다. 이름이 낯설지만 사실 우리는 일상에서 이를 자주 복용하고 있는데, 감기약의 주성분이 바로 항히스타민입니다. 앞서 이야기했듯 히스타민은 코와 기관지 점막에서 점액의 분비를 촉진하므로 이를 억제하여 감기 증상을 억제하는 것입니다. 항히스타민제는 전 세계 5억 명 이상이 복용할 정도로 안전이 확인된 약이지만, 안타깝게도 가려움증의 원인이 다 밝혀진 것이 아니기에 아주 한정된 범위의 가려움증에만 효과를 보입니다.

그 외에도 바르는 스테로이드제를 처방하거나 심한 경우 면역 억제제를 사용하거나 자외선을 쏘이는 치료를 하기도 합니다. 뜨겁거나 매운 음식, 그리고 술은 가려움증을 악화시키기 때문에 이를 피하는 것도 가려움증을 줄일 수 있으며, 냉찜질도 효과가 있습니다. 가려움증이라고 가볍게 넘기지 말고, 증상이 심할 때는 병원에 가보는 것을 권장합니다.

04

사람의 피부가
지금과 다른 색이라면?

　흔히 피부색을 기준으로 사람을 흑인, 백인, 황인 등으로 구분합니다. 멜라닌melanin 색소의 양에 의해 정해지는 피부색은 유전적으로 결정되는데, 지표면에 도달하는 자외선의 양과 피부색은 명확한 연관 관계를 보입니다. 자외선에 많이 노출되는 저위도 지역에 사는 사람은 피부색이 어둡게 태어나며, 반대로 북유럽 같은 고위도 지역에서 사는 사람은 피부색이 밝게 태어납니다.

　이러한 차이는 자외선이 인체에 어떤 영향을 미치는지 알면 이해할 수 있습니다. 적당량의 자외선을 쬐면 우리 몸은 비타민 D를 합성합니다. 체내에서 합성되는 유일한 비타민인 비타민 D는 칼슘과 인의 흡수, 뼈의 형성과 유지 등에 관여하는데, 그 역할이 점점 더 많이 밝혀지고 있습니다. 한편 자외선에 과도하게 노출되면 체내의

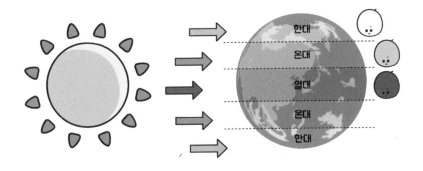

태양 빛을 많이 받는 지방일수록 멜라닌 색소가 많아야 생활에 유리하다.

DNA와 엽산이 손상되고 흑색종 같은 피부암이 유발될 수 있습니다. 멜라닌은 자외선으로부터 피부를 보호하는 역할을 하는데, 비타민 D의 합성은 방해하지 않으면서도 DNA나 엽산의 손상을 막을 정도의 멜라닌 색소가 발현될수록 생존에 유리합니다. 과거 각 위도에 살던 인종들은 주어진 기후에 살아남을 수 있는 최적의 방식으로 진화했고, 이 DNA 정보가 세대를 거듭하며 유전되어 오늘날의 인종별 피부색이 자리 잡게 되었습니다.

그렇다면 사람의 피부색이 지금과 달라진다면 어떻게 될까요? 먼저 사람이 투명한 피부를 가지게 되면 어떻게 될지 생각해 보겠습니다. 투명한 피부는 흰 피부보다 자외선에 훨씬 취약합니다. 따라서 인간은 고위도 지역에서만 생존할 수 있으며, 더 극단적으로 자외선의 영향이 적은 밤에만 활동하는 야행성 동물이 될지도 모릅니다. 햇빛을 받을 수 없으니 비타민 D는 생선, 우유, 계란 등의 음식을 통해 섭취해야 할 것입니다. 자신이 어디 있는지를 감출 수 있으

니 포식자로부터 살아남기에는 유리할 수도 있지만, 사람들끼리도 서로를 잘 보지 못하기에 집단생활이 어려워 오히려 생존과 번식에 불리할 수도 있습니다. 다만, 자연에는 유리날개나비glasswing butterfly, 유리개구리glass frog, 살파salpa, 해파리, 배럴아이barrel-eye 등 투명한 생명체가 존재합니다. 이는 투명한 피부가 생존에 불리한 것만은 아님을 방증합니다.

이번엔 인간의 피부가 초록색이면 어떻게 될지 생각해 보겠습니다. 피부가 초록색이면 식물 사이에 몸을 감추기 쉽기 때문에 초록 피부는 초기 조상에겐 생존에 유리하게 작용했을 것입니다. 그런데 단순히 피부가 초록색이라면 빨간색과 파란색을 흡수하고 초록색을 반사하는 데에 그치겠지만, 만약 이 초록색이 엽록체를 포함한 세포 때문이라면 이야기는 달라집니다. 초록색이 보호색으로 작용할 뿐 아니라 사람 스스로 광합성이 가능해짐을 의미하기 때문입니

광합성~

다. 광합성을 할 수 있다면 그 재료인 이산화탄소와 물을 더 효율적으로 받아들이고 이용할 수 있는 방향으로 진화가 이루어질 것입니다. 다만 광합성은 식물의 경우도 그 효율이 3%에서 6% 정도로 매우 낮으므로 사람도 식사량을 줄일 순 있어도 아예 먹지 않을 순 없을 것입니다.

참고로 바다달팽이의 한 종류인 푸른민달팽이elysia chlorotica는 태어날 때는 투명하지만 조류를 먹은 뒤 조류의 엽록체를 보관하여 초록색으로 변합니다. 이는 푸른민달팽이가 먹이에서 필요한 유전자를 얻을 수 있는 능력이 있기 때문임이 최근 밝혀졌는데, 이러한 능력 덕분에 광합성 산물도 얻고, 초록 보호색도 얻어 생존에 유리한 조건을 갖출 수 있습니다.

정리해 보면 각 생물의 피부색 변화는 생존 가능성과 관련되며, 그것이 생존 가능성을 높였을 경우만 자손을 남겨 그 형질이 보존 될 수 있습니다. 우리 인간이 현재 같은 피부색을 가지는 것도 그와 같은 이유일 것입니다.

05

낮잠을 자면
개운해질까, 피곤해질까?

스페인, 이탈리아, 그리스 등 지중해 연안 국가나 라틴아메리카 국가들을 여행하다 보면 오후 두세 시경 상점이 문을 닫아서 당황할 수 있습니다. 무더운 날씨에 음료를 한잔 사 먹고 싶어도 사 먹을 수 없고, 거리에 사람들도 많이 줄어듭니다. 바로 시에스타Siesta 때문입니다. 시에스타는 점심시간 이후 잠시 낮잠을 자는 문화를 의미합니다. 나라마다 시간은 조금씩 다른데, 스페인은 오후 1시에서 4시, 이탈리아는 오후 1시에서 3시, 그리스는 2시에서 4시 정도에 시에스타를 갖습니다. 이는 각 국가의 무더운 날씨와 관계가 있습니다. 햇빛이 강하고 온도가 높은 낮 시간에 낮잠을 청함으로써 건강을 유지하는 것입니다. 실제로 낮잠을 자는 라틴아메리카 사람들이 낮잠을 자지 않는 사람들에 비해 스트레스와 심장병 확률이 낮

앗다는 연구 결과도 있습니다.

　이런 내용만 보면 낮잠은 우리 건강에 매우 좋은 것으로 보입니다. 하지만 경험에 비추어 봤을 때, 낮잠을 자서 개운함을 느끼기도 하지만 오히려 낮잠을 자고 일어나서 더 피곤했던 적도 있을 것입니다. 여기에는 어떤 차이가 있을까요?

　핵심은 바로 낮잠을 '언제' '얼마큼' 자느냐입니다. 1980년대 말에 미국항공우주국NASA과 미국연방항공청FAA은 우주비행사들의 낮잠과 생체리듬, 업무 수행의 연관성을 확인하는 프로젝트를 실시하였습니다. 실험은 하와이와 일본, 로스앤젤레스를 비행하는 비행기 조종사들을 대상으로 진행되었습니다. 연구자들은 한 그룹에게는 낮잠을 자게 하고, 다른 한 그룹에게는 낮잠을 자지 않도록 한 후 두 그룹의 생체리듬, 판단력, 반응 속도 등을 측정하였습니다. 장기간의 연구 결과 이들은 "단지 26분의 낮잠으로 업무 수행 능력은 34%, 집중력은 54% 늘어날 수 있다"라는 결과를 발표했습니다.

26분이라는 상징적인 시간을 넘어서 대다수 수면 학회 의사들은 오후 1시에서 4시 사이에 30분 이내로 자는 낮잠은 건강과 집중력 향상에 도움을 준다고 말하고 있습니다. 물론 상황에 따라 더 긴 수면이 필요할 수도 있지만, 많은 의사들은 30분이 넘는 낮잠은 오히려 피로를 유발할 수 있고, 나아가 밤에 수면장애를 일으킬 수 있다고 말합니다. 특히 초저녁에 자는 낮잠은 밤에 깊은 잠을 자는 것을 방해하여 피로를 유발합니다.

사람에 따라 낮잠이 필요한 시간은 다르지만 대부분은 점심을 먹은 후 가벼운 식곤증을 느끼기 때문에 그 시간에 낮잠을 자는 것이 좋다고 합니다. 보통 기상 후 여섯 시간 후가 좋다는 연구 결과가 많습니다. 연구자들은 낮잠을 잘 때도 규칙적인 시간에 어둡고 조용한 공간에서 자는 것을 권장합니다.

인간은 인생의 3분의 1을 잠을 자며 보냅니다. 깨어 있는 16시간을 좀 더 효율적으로 건강하게 사용하기 위해 짧은 낮잠을 청하는 것은 어떨까요?

낮잠을 사랑한 위인들

역사에 이름을 남긴 많은 인물은 낮잠을 사랑했습니다. 나폴레옹은 전투 전에 항상 낮잠을 즐겼으며, 레오나르도 다빈치는 총 수면 시간은 짧았지만 낮잠을 통해 틈틈이 수면 부족을 해결하고 작품 활동을 했다고 알려져 있습니다. 비디오 아티스트 백남준은 "낮잠은 창조적 상상력을 불러일으키는, 의식과 무의식이 만나는 시간"이라는 말을 남겼습니다. 아인슈타인은 평균 10시간을 잤을 뿐 아니라 낮잠도 즐겼는데, 대신 낮잠을 너무 오래 자지 않으려고 아래에 금속 접시를 둔 뒤 손에 숟가락을 들고 잤다고 합니다. 숟가락이 떨어져 접시와 부딪치는 소리를 듣고 깨어나기 위해서입니다.

06

성별을 바꾸는
생물이 있다고?

사람의 염색체가 46개임이 밝혀진 것은 1956년입니다. 이때 사람은 성별 관계 없이 같은 수의 염색체를 가지고 있고, 성염색체에만 차이가 있다는 사실이 명확해졌습니다. 재미있는 것은 1842년 스위스의 식물학자 카를 네겔리Karl Nägeli에 의해 염색체가 발견되었고, 1865년 멘델Mendel이 유전법칙을 발표하며 유전자라는 개념이 도입되었으며, 1953년에 왓슨Watson과 크릭Crick에 의해 DNA 이중나선 구조가 발견되었다는 사실입니다. 이런 일련의 과정을 거치는 동안에도 인간은 자신의 염색체 개수를 정확히 알지 못했습니다.

46개 염색체 중 사람이 공통으로 가지는 염색체 44개를 **상염색체**常染色體라고 부릅니다. 그리고 인간의 성별 형성에 주로 관여하는 것은 나머지 2개 염색체인 **성염색체**性染色體입니다. 아직은 타고난 성염색체를 바꿀 수는 없지만 외과적 수술이나 호르몬 치료를 통해 지정된 성별을 정정할 수 있습니다. 그런데 자연에도 상황에 따라 성별을 바꾸는 생물들이 존재한다면 어떨까요? 사실 자연의 성을 암컷과 수컷으로 나누는 이분법적인 생각부터 바꿔야 합니다. 자연에는 성별을 2개로 규정할 수 없는 생물들이 많으며, 지렁이나 달팽이 같이 암수가 한 몸인 **자웅동체**hermaphrodite인 생물도 흔합니다.

생물의 성별 변화는 개체의 성장과정에서 자연스럽게 나타나기도 하고, 인위적인 환경 변화에 의해 발생하기도 합니다. 우선 성장과정에서 성이 바뀌는 생물은 대부분 자웅동체입니다. 자웅동체에는 처음엔 수컷으로 태어났다가 암컷으로 성별이 변화하는 **웅성선숙**

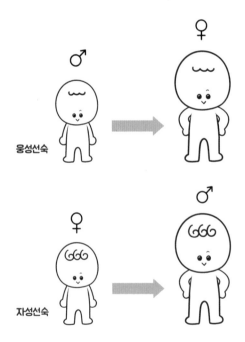

protandry과, 암컷으로 태어났다가 수컷으로 변화하는 **자성선숙**protogyny
이 있습니다. 웅성선숙하는 생물에는 봉선화, 굴, 감성돔, 도화새우
등이 있고, 이들은 정소와 수술이 먼저 성숙한 뒤 나중에 난소와 암
술이 성숙합니다. 자성선숙은 반대로 난소와 암술이 먼저 성숙한
뒤에 정소와 수술이 성숙합니다. 겨자과, 질경이과, 현삼과 식물, 놀
래기류, 흰동가리류 등이 여기에 속합니다.

예를 들어 봉선화는 자웅동체이자 성을 바꾸는 식물입니다. 봉숭
아라고도 불리는 봉선화는 꽃의 모양이 봉황을 닮았다 하여 붙여진
이름인데, 봉황을 닮은 꽃은 암술머리를 수술이 감싸고 있는 상태
로 꽃이 핍니다. 그 후 암술머리를 감싸고 있던 수술이 모자가 벗겨
지듯이 벗겨져 암꽃이 됩니다. 이런 과정은 식물이 유전적 다양성
을 획득하기 위해 선택한 방법으로 추정됩니다.

암술머리를 감싸고 있던
수술이 벗겨진다.

성을 바꾸는 어류는 500여 종이 알려져 있습니다. 영화 〈니모를 찾아서〉의 주인공으로 잘 알려진 흰동가리clown fish는 무리에서 가장 큰 개체가 암컷이고 두 번째로 큰 개체가 수컷인데, 가장 큰 암컷이 죽으면 두 번째로 큰 수컷이 암컷으로 변합니다. 반대로 하와이놀래기saddle wrasse나 블루헤드놀래기bluehead wrasse는 무리에서 가장 큰 수컷이 죽으면 암컷이 수컷이 됩니다. 난소에서 정소로 혹은 정소에서 난소로의 변화는 염색체의 변화가 아닌 호르몬의 영향 때문으로 보이며, 행동적인 변화는 몇 분 만에 나타나고, 완전한 성전환은 2주에서 1개월이 걸린다고 합니다.

이외에도 볼바키아wolbachia라는 세균은 절지동물 등을 감염시켜 수컷을 암컷으로 변화시키기도 하고, 수컷 자체의 수를 줄이기도 합니다. 암컷 숙주가 많은 것이 난자를 통해 다음 세대로 전달되기 유리하기 때문입니다.

환경에 따라 인위적으로 성이 바뀌는 생물도 있습니다. 악어나 바다거북, 도마뱀 등 몇몇 파충류는 부화 온도에 따라 성별이 결정됩니다. 가령 미시시피악어American alligator의 알은 30℃와 33℃ 사이에서는 암수가 고르게 태어나지만, 33℃ 이상에서 부화하면 수컷이, 30℃ 이하에서 부화하면 암컷이 됩니다.

성을 바꾸는 것이 자연의 섭리를 거스른다고 생각하는 사람이 많지만, 사실 자연에는 생존 가능성을 높이고 자손을 많이 남기기 위해 성을 바꾸는 생물들이 생각보다 많습니다. 일부 과학자들은 Y염색체의 유전자 수 감소 속도를 계산하면 1000만 년 뒤에는 Y염색체가 사라질 거라고 주장합니다. 그때까지 인간이 생존한다면, 지금과는 다른 형태의 성을 가진, 혹은 가지지 않는 인간이 존재할지도 모르겠습니다.

07

사람은 동물인데
왜 털이 적을까?

지상에 사는 포유류의 특징 중 하나는 온몸이 털로 덮여 있다는 것입니다. 그런데 오랑우탄이나 침팬지 같은 유인원들은 얼굴이나 가슴에 다른 부위보다 털이 적습니다. 사람은 다른 유인원보다도 털이 훨씬 적으며, 2차성징 이후에도 겨드랑이나 성기 주변 같은 아주 적은 부위에만 털이 납니다.

인간의 털이 왜 적어졌는지에 대해서는 여러 학설이 있습니다. 진화론의 아버지라 불리는 찰스 다윈Charles Darwin 역시 같은 고민을 했습니다. 다윈은 남성은 털이 적은 여성을 선택했고, 여성은 수염 등 특정 부위에만 털이 있는 남성을 선택함으로써 자연선택의 결과로 인간의 털이 적어졌다고 설명하려 했지만, 이 주장은 불안정했습니다. 포유류의 털은 추위와 더위로부터 개체를 보호해 주는 역할을

하므로 털이 있는 인류가 오히려 생존에 유리했을 것이고, 이들이 살아남아 자손을 남겼다면 인간은 다른 유인원처럼 온몸이 털로 덮여 있어야 합니다.

이 밖에도 물속에 사는 포유류는 털이 없다는 사실을 근거로 인간의 조상 역시 물에 살았다고 주장하는 학설도 있고, 우파루파라고도 불리는 아홀로틀(맥시코 도룡뇽)처럼 인간 역시 어린 시절 모습 그대로 어른이 되어서 털이 없다는 학설도 있습니다. 가장 많은 지지를 받는 학설은 나무 위에서 생활하던 인류가 땅에서 생활하기 시작하면서 털이 적어졌다는 학설입니다. 이 학설에 따르면 쉽게 더위를 피할 수 있던 나무 위와 달리 땅 위의 인간은 더위에 적응해야 했고, 땀을 증발시켜 증발열로 체온을 낮추기 위해선 온몸에 털이 적어야 생존에 유리했습니다. 이때 머리카락만이 남은 이유도 설명할 수 있는데, 태양 빛으로부터 머리를 보호하기 위함입니다. 물론 아직 어떤 학설이 확실한지는 알 수 없습니다.

그렇다면 인간의 털은 언제부터 줄어들었을까요? 우리 몸에 사는 기생 곤충인 이 louse를 통해 이 시점을 유추 가능하다는 연구가 있습니다. 동물에 기생해 피를 빨아 먹는 이는 사는 곳에 따라 구분되는데, 머리에 자라는 이를 머릿니, 몸에 자라는 이를 몸니, 생식기 주변에 자라는 이를 사면발니라고 합니다. 이들은 기생한 동물의 털을 움켜쥐고 기어다니는데, 각 부위의 털 두께나 특징 때문에 머릿니는 사면발니가 사는 곳에서는 움직이기 어렵고, 사면발니도 머릿니가 사는 곳에서는 움직이기 어렵다고 합니다. 이는 다른 생물에

서도 마찬가지로 서로 다른 종에서 서식 가능한 이의 종류가 다르며, 같은 종에서도 몸의 부위별로 서식 가능한 이의 종류가 다릅니다. 그런데 예외적으로 고릴라의 이와 인간의 사면발니는 유사합니다. 이를 본 일부 연구자들은 약 330만 년 전 인간이 고릴라로부터 이가 옮았다고 해석합니다. 그러니까 인간은 330만 년 전 이미 몸에 털이 거의 사라져서 머리에만 머릿니가 남았고, 고릴라가 옮긴 사면발니는 고릴라 털과 유사한 생식기 주변 털에 정착했다는 주장입니다.

인간의 털이 언제 왜 적어졌는지에 대한 연구는 계속되고 있습니다. 만약 이 의문이 해결된다면, 탈모를 근본적으로 해결하는 방법도 등장하지 않을까요?

잃어버린
털을 찾아서…

눈썹은 왜 있을까?

인간이 다른 유인원만큼 털이 많은 곳이 있습니다. 바로 눈썹입니다. 눈썹은 땀이나 비 같은 이물질이 눈으로 들어가는 것을 막아 주는 기능적인 역할도 수행하지만, 인간의 의사소통과 사회생활에도 중요한 역할을 합니다. 눈썹을 통해 사람은 서로를 더 예민하게 구분할 수 있으며, 얼굴 표정을 더 풍부하게 지음으로써 정교한 소통을 할 수 있습니다.

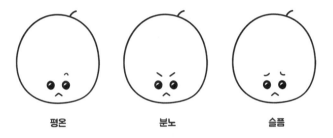

평온   분노   슬픔

08

산불이 일어나면
생태계는 어떻게 변할까?

건조하고 바람이 많이 부는 봄이나 가을이면 산불이 발생했다는 안타까운 뉴스가 종종 들려옵니다. 우리나라에서 산불이 발생하면 쉽게 진화되지 않아 큰 산불로 번지곤 하는데, 건조하고 바람이 많이 부는 날씨, 산이 많은 지형적 특징, 숲을 이루는 식물의 종류 등이 모두 산불 진화에 불리하기 때문입니다. 특히 소나무가 빽빽하게 심어진 동해안은 사시사철 화재 위험이 있고, 나뭇가지나 잎이 무성한 부분만 태우며 빠르게 지나가는 산불인 수관화樹冠火가 발생하기 쉬워 큰 산불로 확산될 가능성이 높다고 합니다. 그뿐 아니라 침엽수인 소나무의 낙엽은 바늘같이 얽혀 있어 느리게 타며 잔불이 남아 있을 확률이 높고, 송진 속에는 테레빈terebene이라는 휘발성물질이 들어 있습니다.

그렇다면 산불이 발생한 이후 생태계는 어떻게 변할까요? 인위적인 복원을 하지 않는다면 생태계는 매우 오랜 시간에 걸쳐 복원됩니다. 이런 생태계의 복원 과정을 **천이**遷移라고 하는데, 천이란 생물의 군집이 환경 변화, 영양분의 변화, 경쟁 등 다양한 생태적 원인에 의해 시간이 지나면서 그 구성이 변화하는 것을 말합니다.

천이는 두 가지로 구분됩니다. **1차천이**는 말 그대로 생명체가 살지 않던 암석 지대부터 시작해 생태계로 변화하는 천이입니다. 그 속도가 늦으며 보통은 이끼 등의 지의류가 들어서는 것으로 시작됩니다. **2차천이**는 1차천이로 형성된 기존의 생태계가 화재, 홍수 등으로 인해 파괴된 이후에 발생하는 천이를 의미합니다. 그래서 2차천이는 맨땅이 아니라 초원부터 시작됩니다. 남아 있던 종자가 싹을 틔우며 초원을 이루고 높이 2m 이하의 관목이 번창해 관목림을 이루게 됩니다. 그 후 볕이 잘 드는 곳에서 자라는 나무인 양수陽樹들이

초원

관목림

양수림

혼합림

음수림

숲을 이뤄 양수림이 형성됩니다. 양수림이 번성하면 지표면에 도달하는 빛이 감소합니다. 이 과정에서 생존에 필요한 빛의 양이 적은 나무인 음수陰樹만 살아남으면서 양수와 음수가 뒤섞인 혼합림이 형성됩니다. 음수가 성장할수록 햇빛을 많이 필요로 하는 나무들이 죽게 되고, 결국은 음수림이 형성됩니다.

참고로 빛이 충분한 조건에서는 광합성을 하기 위해 잎을 크게

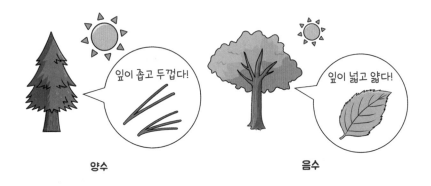

양수   음수

키울 필요가 없기에 양수는 대체로 잎의 폭이 좁고 두껍습니다. 소나무를 생각하면 됩니다. 반면 빛이 부족한 조건에서는 빛을 최대한 받아들여야 하므로 음수는 잎이 넓고 얇습니다. 참나무를 생각하면 됩니다. 여담이지만 커다란 잎 덕분에 인테리어용으로 인기가 많은 덩굴성 식물인 몬스테라는 아래쪽 잎에 빛을 보내기 위해 위쪽 잎에 구멍을 만들기도 합니다.

산불이 나면 생태계는 오랜 시간 동안 이러한 천이 과정을 거친 뒤, 생태계를 구성하는 종의 비율이 장기간 균형을 이루는 **극상**極相 생태계에 도달하게 됩니다. 물론 기후에 따라 예외가 발생하기도 합니다. 동해안의 경우 이런 일련의 과정을 거쳐 복원된 것이 아니라, 고온 건조한 기후적 특성으로 인해 척박한 환경이 조성되어 소나무만 잘 자랄 수 있었습니다. 물론 시간이 더 많이 지나면 동해안에도 참나무가 자라 음수림이 극상이 될 수 있지만, 당장 지금은 이런 환경 때문에 산불이 잘 번져 다시 2차천이가 시작될 확률이 높은 것입니다.

산불을 발생시키고 확산하는 3요소에는 기상(습도, 풍속 등), 지형(고도, 방위 등), 산림(침엽수, 활엽수 등)이 있습니다. 이 중 인간이 유일하게 관리할 수 있는 것이 산림입니다. 그래서 산림청에서는 매년 낙엽을 제거하고, 나무와 나무 사이를 벌리고, 활엽수를 심는 방법으로 산불 예방에 노력을 기울이고 있습니다. 산불이 발생하지 않도록 산림을 적절히 관리하는 것이 그 생태계에 살고 있는 동식물, 나아가 사람을 살리는 길임을 잊지 말아야겠습니다.

2부

엉뚱하고 기발한
물리 호기심

우주에서 우주선의
연료가 떨어지면 어떻게 될까?

　우주 배경의 영화에는 세상을 떠난 이의 시신을 캡슐 같은 기구에 눕혀 우주로 보내는 장면이 자주 등장합니다. 우주선에서 캡슐을 밀어내면 캡슐은 연료 없이도 우주 공간으로 끝없이 나아가고, 사람들은 멀어져 가는 캡슐을 배웅합니다. 그런데 현실 우주에서는 어떨까요? 자동차는 연료가 떨어지면 주행 중에도 도로에서 멈추는데, 우주선도 연료가 바닥나면 우주공간에 멈추지 않을까요?

　외부에서 힘이 작용하지 않으면 정지해 있던 물체는 계속 정지해 있고 움직이던 물체는 같은 방향으로 일정한 속력의 운동을 합니다. 이렇게 기존의 운동 상태를 유지하려는 성질을 **관성**이라고 합니다. 그러나 지구에서 운동하는 물체는 언젠간 정지하게 되는데, 공기저항, 바닥과의 마찰에 의한 저항 등이 운동 방향과 반대 방향

연료가 떨어지면 달리던 자동차는 운동을 멈춘다.

으로 작용하기 때문입니다. 물체가 계속 운동하려면 운동 방향으로 계속 힘이 가해져야 하고, 이를 위해선 동력을 공급하는 엔진과 엔진에 공급할 연료가 필요합니다. 가령 자전거를 타고 일정한 속력으로 나아가려면 페달을 계속 밟아 동력을 공급해야 합니다. 이때 자전거 뒤쪽에서 바람이 불어올 때보다 앞쪽에서 불 때 페달을 밟는 데에 더 많은 힘이 필요한데, 공기저항을 많이 받을수록 연료가 많이 필요하기 때문입니다. 그래서 자동차, 기차, 비행기 등 탈것의 외형을 디자인할 때에는 공기의 영향을 적게 받을 수 있도록 고려합니다.

그렇다면 우주에선 어떨까요? 우주에도 아주 소량의 기체나 먼지가 존재하긴 하지만 그 양이 매우 적으므로 우주공간에는 마찰력이 거의 없습니다. 물체의 운동을 방해하는 힘이 없다는 말이므로 우주선의 연료가 다 떨어져 우주선을 가속시키는 힘이 사라지면, 우

연료가 떨어져도 우주선은 등속직선운동을 한다.

주선은 연료가 떨어진 그 순간의 운동 상태 그대로 운동하게 됩니다. 즉 연료가 떨어진 우주선은 속력과 방향이 일정한 **등속직선운동**을 합니다.

그럼 우주정거장에 있는 우주비행사가 움직이는 정거장 밖으로 인형을 살포시 놓으면 어떻게 될까요? 인형은 우주정거장과 같은 방향과 속력으로 움직이고 있었으므로 우주정거장 밖에서도 정거장과 같은 속력과 방향으로 운동합니다. 이 원리는 인공적으로 행성 주위를 회전하도록 만든 물체인 인공위성에도 적용되는데, 정지 궤도를 도는 인공위성을 쏘아 올릴 때는 지구 자전 방향과 같은 방향으로 발사시켜 추진 속도에 지구 자전 속도를 더해 줍니다.

위성은 지구 쪽으로 위성을 끌어당기는 **중력**과, 지구 주위를 회전하며 생기는 **원심력**이 평형을 이루는 궤도에서 지구 주위를 공전합니다. 위성이 궤도에서 운동하기 위해서는 수평 방향으로 초속

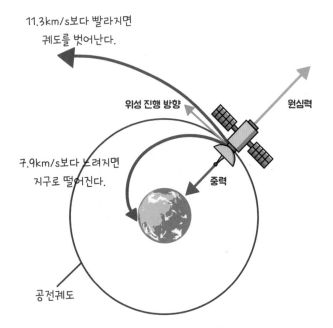

11.3km/s보다 빨라지면
궤도를 벗어난다.

위성 진행 방향

원심력

7.9km/s보다 느려지면
지구로 떨어진다.

중력

공전궤도

약 7.9km 이상의 속도가 필요합니다. 초속 7.9km보다 느려지면 위성은 중력에 의해 지구로 떨어지고, 반대로 속도가 빨라져 초속 약 11.3km 이상이 되면 지구의 궤도를 벗어나 우주로 나아가게 됩니다. 이 속도를 **탈출속도**라고 합니다. 즉 초속 7.9km에서 연료를 더 공급해 우주선을 가속시켜 탈출속도에 이르면 우주선은 더 이상 연료를 사용하지 않아도 지구를 벗어나 계속 나아갈 수 있습니다.

수백만 개에 달하는 우주쓰레기가 지구로 떨어지지 않고 돌고 있는 이유 역시 이들이 지구의 중력을 이길 만큼 빠른 속도로 돌고 있기 때문입니다. 우주쓰레기도 초속 7.9km보다 느려지면 지구로 떨어지고, 초속 11.3km 이상이 되면 지구 궤도를 벗어나게 됩니다.

우주에서 멈추려면?

우주에서는 엔진 가동을 멈춰도 우주선이 등속으로 계속 운동합니다. 그러므로 우주선을 멈추기 위해선 엔진을 끄는 게 아니라 엔진을 운동 방향의 역방향으로 가동해 저항을 가해야 합니다. 이러한 것을 모두 고려해 적당하게 가속하는 것이 에너지 효율 면에서 좋습니다. 고속열차나 전철이 적당한 가속, 등속, 감속을 통해 다음 정류장에 도착하는 것과 같은 원리입니다.

10

물속에서
대화할 수 있을까?

 다이버들은 물속에서 수신호를 통해 소통합니다. 공기통과 연결된 호흡기를 끼고 있어야 할 뿐 아니라 물속에서는 땅 위에서만큼 소리가 잘 전달되지 않기 때문입니다. 그런데 덴마크의 밴드 아쿠아소닉Aquasonic은 수조에 잠수한 채로 노래를 하고 악기를 연주하며 공연을 했습니다. 이것이 어떻게 가능했을까요?

 소리로 소통하기 위해서는 화자가 소리를 낼 수 있어야 하고, 그 소리가 전달되어 청자에게 들릴 수 있어야 합니다. 평소 우리가 말을 할 때는 폐에 있는 공기가 기도로 빠져나오면서 성대가 떨리며 소리가 납니다. 성대의 떨림이 주변 공기를 진동시켜 소리가 전달되는 것입니다. 반면 물속에서 소리를 내려면 공기 대신 물을 진동시켜야 하는데, 쉬운 일이 아닙니다. 물을 마시다 사례가 걸려 콜록

물속에서 노래를 하고 악기를 연주할 수 있다!

거린 적이 한 번쯤 있을 것입니다. 적은 양의 물이 기도로 들어가는 것만으로도 이렇게 힘들고, 기도 입구 후두개 아래에 있는 성대에 물이 들어가기라도 하면 호흡곤란을 일으킬 수도 있습니다.

그렇다면 앞서 설명한 수중밴드 아쿠아소닉은 어떻게 물속에서 소리를 낼 수 있을까요? 아쿠아소닉은 입안에 머금은 공기를 진동시키고 이 진동이 입 밖의 물을 진동하게 하는 방식으로 소리를 냅니다. 이게 가능할까 싶지만, 멤버들은 입안에 공기를 머금고 물속에서 소리를 내는 방법을 10년 동안 익혔다고 합니다. 또한 전문가

의 도움을 받아 물속에서 연주할 수 있는 특수한 악기도 제작했습니다. 땅 위에서와는 조금 다른 특이한 소리가 들리지만, 이들의 공연은 물속에서 목소리를 내는 게 불가능하지는 않다는 것을 보여줍니다.

참고로 물속에서 공연을 하기 위해서는 이 밖에도 신경 쓸 것이 많습니다. 동일 부피에서 물 입자의 수는 공기 입자보다 훨씬 많으며, 물 입자는 공기 입자보다 무겁고 탄성이 큽니다. 즉 공기 중에서는 공기가 압축과 팽창을 반복하며 소리가 잘 전달되지만, 물은 입자 사이의 거리가 가까워 잘 압축되지 않으므로 물속에서 전달되는 소리의 진폭은 아주 작습니다. 대신 소리를 전달할 입자의 수가 많으므로 공기 중보다 소리의 속도가 빠릅니다. 이런 차이로 물속에서는 악기와 마이크의 미세한 위치 변화에도 소리가 크게 달라지므로 잘 조율해야 합니다. 또한 물의 온도가 달라지면 소리의 전달 속

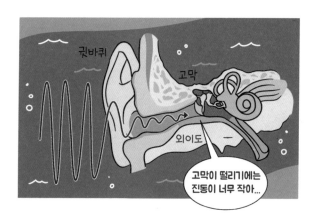

물속에서 소리의 전달

도도 달라져 의도하지 않은 소리가 마이크를 통해 전달되게 되므로 물의 온도를 일정하게 유지하는 데도 신경을 써야 합니다.

그런데 물속에서 대화를 하려면 여기서 한 가지 과정을 더 거쳐야 합니다. 바로 화자의 목소리가 물속에 있는 청자에게 전달되는 일입니다. 물속에 들어가면 귓바퀴 바깥에는 물이 있고, 귓구멍 안쪽은 공기로 차 있게 됩니다. 소리를 듣는 일은 고막이 떨리는 것에서 시작되는데, 물속을 이동해 온 소리는 작은 진폭으로 앞뒤로 흔들리므로 귓구멍 속 공기도 작게 진동시켜 고막에 떨림을 주기에 어려움이 있습니다. 이때 특수 장비를 이용해 물을 아주 크게 진동시키면, 다시 말해 전달되는 소리를 크게 증폭해 공기를 진동시켜 고막에 닿게 하면 소리를 들을 수 있습니다. 물론 이는 매우 특수한 경우라 다이버들은 평소 수신호를 정해 물속에서 간단한 의사 표현을 합니다.

바닷속에도 층간소음이 있다고?

청각이 발달한 바다표범이나 고래 등 많은 해양 동물은 소리를 통해 이동하고 소통하며 먹이를 찾습니다. 하지만 현재 대서양 대부분에서 100dB 이상의 소음이 측정될 정도로 바닷속이 시끄럽다고 합니다. 자원 탐사나 해상 풍력발전 시설 등 인간이 만들어 내는 수중소음 때문인데, 공장의 소음이 90dB인 걸 생각했을 때 100dB은 엄청난 소음입니다. 이 수중소음은 해양생물들에게 고통을 유발하며 이들이 서식지를 떠나게 합니다. 따라서 현재 여러 나라에서는 해양 환경보호를 위해 소음 저감 기술을 개발하고 규제 방안을 마련하는 추세입니다.

11

낙법을 쓰면 왜
덜 아프게 떨어질까?

갑작스럽게 넘어지거나 떨어질 때 몸을 안전하게 보호하는 기술을 낙법落法이라고 합니다. 모든 충격을 완전히 줄이는 것은 불가능하겠지만, 머리 같은 중요 부위를 보호하고 어느 정도 피해를 줄일 수 있습니다. 왜 낙법을 쓰면 덜 아프게 떨어질 수 있을까요?

자동차를 벽에 부딪치는 충돌 실험을 보면 자동차의 속력이 빠를수록 충돌 시 더 처참하게 부서지는 모습을 관찰할 수 있습니다. 높은 곳에서 떨어지면 중력에 의해 진공상태 기준 1초에 9.8m/s만큼 속력이 빨라지는데, 높이가 높을수록 떨어지는 시간 역시 길어지므로 바닥에 도착했을 때 속력 역시 아주 빨라집니다. 이때 바닥에 부딪히는 순간의 충격량의 크기를 알면 얼마만큼의 파괴력이 나타날지 계산할 수 있습니다. **충격량**衝擊量은 운동량의 변화량을 뜻하는데,

운동량運動量은 운동하는 물체의 질량과 그 속력의 곱으로 구합니다. 물체가 바닥에 부딪히기 직전의 속력이 빠를수록 부딪히기 직전의 운동량은 커지며, 바닥에 부딪혔을 때 속력은 0이 되므로 충돌 시 운동량 역시 0이 됩니다. 즉 충돌 직전의 속도가 빠를수록 운동량의 변화량 역시 커져 떨어지는 물체가 받는 충격량도 커집니다.

운동량 = 질량 × 속력

충격량 = 운동량의 변화량
      = 나중 운동량 − 처음 운동량
      = 충격력 × 충격을 받는 데 걸린 시간

충격량은 물체가 타격을 받거나 충돌했을 때 물체와 물체 사이에 생기는 힘의 세기를 의미하는 충격력衝擊力에, 충격을 받는 데 걸린 시간의 곱으로도 나타낼 수 있습니다. 이때 충격량이 일정하게 고정되어 있다면 충격력을 줄일 수 있는 방법은 충격을 받는 데 걸리는 시간을 길게 하는 것입니다. 화재 현장 등에서 사용되는 에어쿠션은 충돌 시간을 늘림으로써 떨어지는 사람이 받는 충격력을 줄이도록 설계되었습니다. 자동차 내부 곳곳에 내장되어 급격한 충격이 있을 경우 작동하는 에어백 역시 사람이 딱딱한 차체에 부딪히는 시간을 길게 함으로써 충격력을 줄입니다.

그리고 이 원리를 이용한 것이 바로 낙법입니다. 딱딱한 뼈가 바닥에 닿는 것보다 살이 많은 엉덩이가 바닥에 먼저 닿는다면 엉덩

충격을 받는 데 걸리는 시간이 길어질수록 충격력이 줄어든다.

이의 푹신한 살이 쿠션 역할을 합니다. 이렇게 되면 충격 시간이 길어질 테니 사람이 받는 충격력이 줄어들며 상대적으로 부상의 위험을 줄이는 효과가 있습니다. 슬로프에서 스키나 보드를 타다 넘어질 때 되도록 엉덩이가 먼저 바닥에 닿게 넘어지라고 가르치는 것도 같은 이유입니다.

또한 낙법 자세는 신체가 땅에 닿는 면적을 늘려 충격을 분산시킵니다. 연필의 양 끝을 양손 검지로 누르듯 잡아 보면 뾰족한 심 부분의 검지 쪽이 더 아픈 것을 알 수 있습니다. 같은 힘을 받아도 힘을 받는 부위가 넓을수록 통증은 줄어드는 것입니다. 낙법도 이 원리를 이용해 최대한 넓은 범위가 바닥에 닿게 함으로써 부딪히는 시간을 길게 합니다.

물론 애초에 충격량이 어마어마하게 큰 경우라면 시간을 늘려 충격력을 줄이는 것에 한계가 있기에 결국 다칠 수밖에 없습니다. 하지만 길을 가다 넘어질 때 낙법 동작을 기억해 낸다면 부상을 어느 정도 줄일 수 있습니다. 물론 넘어지지 않게 조심하는 것이 최선일 것입니다.

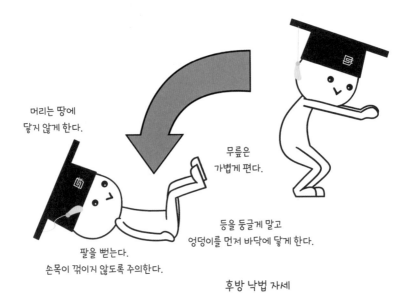

머리는 땅에
닿지 않게 한다.

무릎은
가볍게 편다.

등을 둥글게 말고
엉덩이를 먼저 바닥에 닿게 한다.

팔을 뻗는다.
손목이 꺾이지 않도록 주의한다.

후방 낙법 자세

핸드폰에 케이스를 끼우는 건 도움이 될까?

실수로 떨어뜨린 휴대폰을 보호하는 데에 휴대폰 케이스가 완벽하지는 않지만, 효과는 있습니다. 그 이유는 케이스와 휴대폰 사이에 약간의 간격이 있기 때문입니다. 이 간격은 휴대폰이 바닥과 부딪혔을 때 일차적 충격을 케이스가 감당하게 하고, 핸드폰에 충격이 가는 데 걸리는 시간을 늘립니다. 충격을 받는 데 걸리는 시간이 길어지므로 충격력이 줄어드는 것입니다.

12

LED등은 왜 형광등보다
수명이 길까?

새 조명을 구입하기 위해 마트에 진열된 조명들을 구경하다 보면 포장지에서 '1000시간 사용' '5만 시간 사용' 같은 문구를 볼 수 있습니다. 이는 각 조명의 수명을 의미하는 문구로, 조명의 종류에 따라, 품질이나 사용 빈도에 따라 천차만별입니다. 어쨌든 제조사에서 안내하는 일반적인 형광등의 평균 수명은 8000시간 정도이고, LED등의 평균 수명은 5만 시간 정도 됩니다. 여기서 주제의 의문이 생깁니다. 8000시간과 5만 시간은 차이가 너무 큰 것 같은데, 왜 이렇게 수명이 다른 걸까요?

가정에서 자주 사용되는 조명에는 백열등, 형광등, LED등 등이 있습니다. 이 중 가정용 조명의 시작은 토머스 에디슨Thomas Edison이 발명한 **백열등**입니다. 이전에 사용하던 백열전구는 가정에서 사용

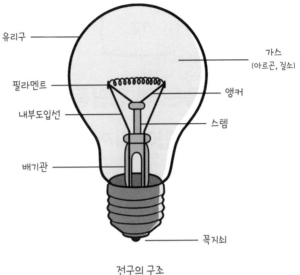

유리구

가스
(아르곤, 질소)

필라멘트

앵커

내부도입선

스템

배기관

꼭지쇠

전구의 구조

하기에는 너무 밝았고 수명도 하루를 넘기지 못했다고 합니다. 반면 에디슨의 백열전구는 40시간 이상 사용할 수 있었는데, 이 전구는 유리구 안에 텅스텐으로 만든 필라멘트를 넣어 봉한 뒤 유리구 내부를 진공으로 만들거나 내부에 화학반응을 잘 하지 않는 불활성 기체인 질소나 아르곤 등을 넣어 제작되었습니다. 필라멘트에 전류가 흐르면 열과 빛이 나는데, 필라멘트의 재료 텅스텐은 높은 온도에서 승화합니다. 이때 질소나 아르곤 기체는 필라멘트가 승화되는 것을 방지해 전구의 수명을 늘리고, 높은 온도를 유지시켜 빛의 효율을 높이는 역할을 합니다. 보통 전구의 밝기가 최초 밝기의 80% 정도가 될 때까지의 시간을 전구의 수명이라고 하는데, 열에 승화한 필라멘트가 점점 얇아지다가 끊어지면 스위치를 켜도 아예 불이 들어오지 않게 됩니다.

그런데 가정용 조명의 시초인 백열전구는 이제는 거의 사용하지 않습니다. 백열전구는 공급된 전기에너지의 약 10%만을 빛에너지로 전환하기에 에너지 낭비가 심하며, 불이 켜졌을 때 만지면 뜨거워 화상을 입을 수도 있기 때문입니다.

스위치를 켜면 몇 번 깜빡이다가 빛을 내는 **형광등**은 유리관 안에 형광물질을 바르고 내부에 아르곤과 소량의 수은 기체를 넣은 뒤 양 끝에 전극 필라멘트를 달아 빛을 내게 하는 조명입니다. 형광등에 전류가 흐르면 필라멘트가 예열되며 유리관 양 끝의 전극 사이에서 방전이 일어나는데, 이때 가열된 필라멘트에서 전자가 방출됩니다. 그리고 전자가 유리관 내부의 수은 기체와 충돌하며 자외선을 방출하고, 이 자외선이 유리관 내부에 발라 놓은 형광물질에 흡수되었다가 다시 방출될 때 가시광선이 나옵니다.

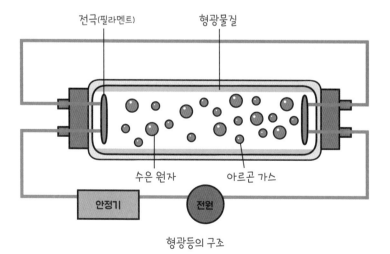

형광등의 구조

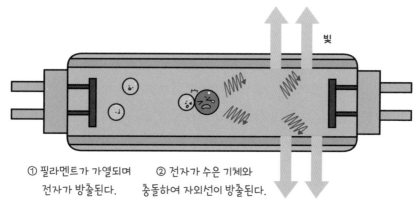

빛

① 필라멘트가 가열되며
전자가 방출된다.

② 전자가 수은 기체와
충돌하여 자외선이 방출된다.

③ 자외선이 형광등 내부의
형광물질과 결합하여
가시광선이 방출된다.

형광등도 백열등과 마찬가지로 사용할수록 양극의 필라멘트가
점점 가늘어지며, 필라멘트가 가늘어질수록 필라멘트의 저항이 증
가하고 결국 끊어지게 됩니다. 그럼 스위치를 켜도 불이 들어오지
않을 테니 형광등을 교체해야 합니다. 또한 방전과 빛 발생 과정을
일정하게 유지하려면 형광등에 안정기가 필요한데, 이 안정기가 수
명을 다해도 형광등은 작동하지 않습니다.

LED는 스스로 빛을 내는 반도체소자로, LED등은 가격이 비싸지
만 오래 사용할 수 있고 전력 소비량이 적어 장기 사용 시 오히려 효
율적이라고 할 수 있기에 많이 사용되고 있습니다. LED는 두 종류
의 반도체인 p형반도체와 n형반도체를 접합시켜 만듭니다. p형반
도체는 전자수가 적고 정공(正孔, 전자가 비어 있는 상태의 준입자)이 존

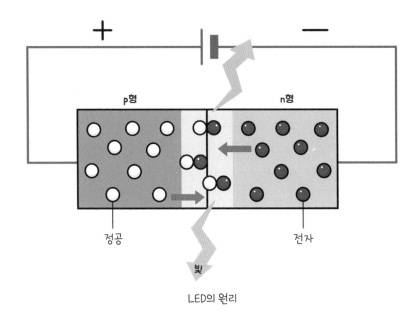

재해 양의 성격을 띠는 반도체이고, 반대로 n형반도체는 전자가 많아 음의 성질을 띠는 반도체입니다. 이렇게 서로 다른 반도체를 접합시키고 전원을 공급하면 n형의 전자가 p형의 정공과 접합부에서 만납니다. 전자와 정공이 결합하면 에너지를 내놓는데, LED등은 이를 빛에너지로 방출합니다.

LED등은 전기에너지의 약 40%가 빛에너지로 전환되어 백열등과 형광등에 비해 효율이 매우 높습니다. 또한 그 수명도 최대 10만 시간, 평균 5만 시간으로 깁니다. 하지만 LED등을 실제로 사용하다 보면 이보다 짧은 기간에 교체를 고려하게 되는데, 이는 LED등의 주파수 변환기인 컨버터converter에 들어가는 전해콘덴서(전해질 축전기)의 수명 때문입니다. 보통 가정에서는 전류의 방향이 1초에 약

60회 바뀌는 교류전류交流, AC를 사용합니다. 그러나 LED등에는 일정한 방향으로 흐르는 직류전류直流, DC가 흘러야 합니다. 이때 교류를 직류로 바꾸는 장치가 컨버터입니다. 앞서 말했듯 제조회사에서 제시하고 있는 LED칩의 평균 수명은 5만 시간 정도인데, 콘덴서의 수명을 늘리는 데에 가격이 급격히 높아지기 때문에 LED컨버터의 수명을 3만 시간 정도로 설계한다고 합니다. 이처럼 조명 장치에 들어가는 전구의 수명과, 각 조명을 작동하게 하는 주변 기기 수명의 영향으로 각 조명의 수명이 결정됩니다.

우리나라 최초의 전기 조명은?

우리나라 최초로 전기를 이용해 불을 밝힌 조명 장치는 에디슨이 발명한 백열전구입니다. 미국 유학생이었던 유길준 등을 통해 전구를 소개받은 고종은 에디슨 전기회사에 전기공사를 의뢰했고, 1887년 에디슨 전기회사는 경복궁에 있는 건청궁(乾淸宮) 뜰에 발전시설을 설치해 백열전구에 불을 밝혔습니다. 이는 동양 최초의 발전시설이었으며 일본과 중국보다도 2년 정도 빠른 것이었습니다. 건청궁 앞 연못의 물을 끌어올려 전기를 생산한다고 하여 당시 사람들은 전구를 '물불'이라 불렀으며, 불안정한 발전 시스템 탓에 제멋대로 꺼지고 켜졌다 하여 '건달불'이라고도 불렀다고 합니다.

13

탱탱볼은 어떻게
다른 공보다 높이 튀어 오를까?

세상에는 다양한 구기종목이 있습니다. 각 종목에서 사용하는 공의 모양은 대부분 구형으로 비슷하지만 각 공의 탄력은 저마다 다릅니다. 농구공, 축구공, 테니스공, 탱탱볼을 같은 높이에서 떨어뜨리면 탱탱볼이 가장 높이 튀어 오르고 축구공, 농구공, 테니스공 순으로 그 높이가 낮아집니다. 탱탱볼은 어떻게 다른 공보다 높게 튀어 오를 수 있을까요?

탱탱볼을 처음 만든 사람은 미국의 화학자 노먼 스팅리Norman Stingley입니다. 합성고무를 강하게 압축해서 만든 스팅리의 발명품을 웸오Wham-O라는 장난감회사에서 내구성을 높여 '슈퍼볼'이라는 이름으로 생산했고, 그렇게 탄생한 탱탱볼은 백악관 직원들을 위해 배송되었을 정도로 당시 큰 인기를 누렸다고 합니다.

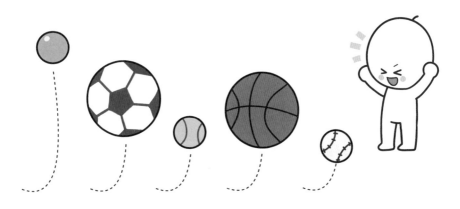

탱탱볼은 탄성과 마찰력이 커서 다른 공들보다 높게 튀어 오른다.

　이러한 탱탱볼의 원리를 알기 위해선 우선 공이 튀는 이유를 알아야 합니다. 공이 튀어 오르는 이유는 공이 탄성을 가진 물체, 즉 탄성체이기 때문입니다. **탄성**彈性은 외부에서 힘을 가했을 때 운동 상태인 속력이나 방향이 바뀌는 것이 아니라, 물체의 모양이 변형되었다가 외부의 힘이 없어졌을 때 다시 원래 모양으로 되돌아가려고 하는 성질을 말합니다. 탱탱볼은 탄성이 좋은 재료인 고무로 만들어져 다른 공에 비해 탄성이 높습니다. 참고로 축구공의 외피는 폴리우레탄이나 PVC 소재로 만들며, 농구공의 외피는 가죽 소재로, 테니스공은 펠트 소재로 제작합니다.

　또한 탱탱볼은 마찰력이 아주 큰데, 마찰력 역시 탱탱볼이 높게 튀어 오르게 하는 요인입니다. 바닥 면을 기준으로 특정 높이에 있는 물체는 중력에 의해 **위치에너지**를 가지게 됩니다. 그래서 공중에서 물체를 놓으면 물체는 바닥으로 떨어지는데, 물체가 떨어지는

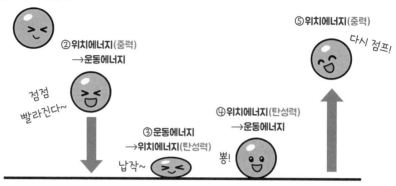

①위치에너지(중력)

②위치에너지(중력)
→운동에너지

점점
빨라진다~

③운동에너지
→위치에너지(탄성력)

납작~

④위치에너지(탄성력)
→운동에너지

뿅!

⑤위치에너지(중력)

다시 점프!

동안 물체의 위치에너지가 **운동에너지**로 바뀌면서 낙하 속도가 점점 빨라집니다. 그런데 표면이 거칠어 마찰력이 큰 탱탱볼의 경우, 공이 튕겨 바닥에 닿았을 때 미끄러지지 않고 바닥에 달라붙을 정도로 짓눌리며 모양이 변형됩니다. 이렇게 모양이 찌그러지는 과정에서 탱탱볼이 가지고 있던 운동에너지는 탄성력에 의해 다시 위치에너지로 전환됩니다. 공의 모양이 최대로 변형된 후에 탱탱볼은 다시 원래 모양으로 돌아가고, 위치에너지가 다시 한번 운동에너지로 바뀌며 탱탱볼은 위로 튀어 오르게 됩니다.

두 물체가 부딪힐 때 충돌 전후 운동에너지 총량이 일정한 충돌을 **탄성충돌**彈性衝突이라고 합니다. 충돌 전 상대속도와 충돌 후 상대속도의 비율은 **반발계수**反撥係數로 나타내는데, 충돌 후 에너지 손실이 없는 완전탄성충돌에 가까운 탱탱볼은 1에 가까운 높은 반발계수를 가지고 있습니다. 즉 공기저항을 무시하면 탱탱볼이 바닥 면에

닿는 순간의 운동에너지와 다시 튀어 오르는 순간의 운동에너지가
비슷하므로 탱탱볼은 떨어지기 전의 높이 근처까지 오를 수 있습니
다. 보통은 공이 튕기는 과정에서 열에너지가 발생해 운동에너지가
많이 줄어드는데, 탱탱볼은 열에너지가 거의 발생하지 않아 감소하
는 운동에너지가 적은 것입니다.

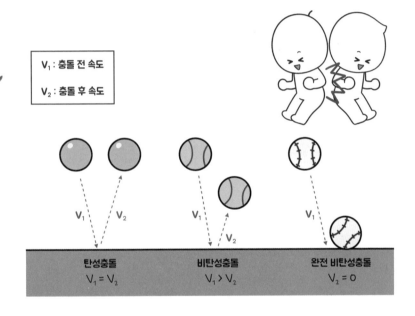

V₁ : 충돌 전 속도

V₂ : 충돌 후 속도

탄성충돌
$V_1 = V_2$

비탄성충돌
$V_1 > V_2$

완전 비탄성충돌
$V_2 = 0$

날달걀로 탱탱볼 만들기

(1) 그릇에 날달걀을 깨지지 않게 넣어 줍니다.

(2) 날달걀이 잠길 정도로 식초를 부어 줍니다.

(*TIP: 식용색소를 넣어 주면 색을 입힐 수 있어요!)

(3) 실온에서 2일에서 5일 정도 지나면 달걀 껍데기의 탄산칼슘이 식초의
    아세트산과 반응해 물에 잘 녹는 아세트산칼슘이 됩니다.

(4) 식초에 담긴 날달걀을 꺼내 물에 조심스럽게 씻어 내며 남은 껍데기를
    제거해 줍니다.

(*주의: 식초 냄새를 가까이에서 오래 맡으면 어지러울 수 있으니 환기에 유의합니다.)

(5) 삼투현상으로 처음보다 크기가 커진 달걀 탱탱볼이 완성됩니다.

(*주의: 너무 높은 곳에서 떨어뜨리면 터질 수 있어요.)

14

나침반의 N극은
왜 북쪽을 가리킬까?

스마트폰이 대중화되기 전에는 방향을 찾기 위해 나침반을 사용하였습니다. 나침반에는 지구가 자전하는 현상을 이용하는 회전나침반, 천체를 관측해 방향을 판별하는 천측나침반, GPS 수신기를 이용하는 GPS나침반 등 여러 종류가 있지만, 보편적으로 알려진 나침판은 자석을 이용하는 자기나침반입니다. 자기나침반은 수평 방향으로 자유로이 회전할 수 있는 바늘인 자침을 이용한 나침반으로, 자침의 N극이 항상 북쪽을 가리키도록 설계되어 있어 방향을 알 수 있습니다. 그렇다면 나침반의 N극은 어떻게 북쪽을 가리킬까요?

자화磁化란 자석은 아니지만 자석 가까이에 있던 물질 내부에 자기 분극이 생겨 자석의 성질을 띠게 되는 현상을 말합니다. 이는 철과 니켈, 코발트 같은 일부 금속에서만 나타나고 이러한 금속을 강자성체強磁性體라고 부릅니다. 강자성체가 자성을 띠는 이유는 이들의 원자 구조와 관련이 있습니다. 금속 원자는 가운데에 원자핵이 있고 그 주변을 전자들이 각자의 궤도로 돌고 있는 구조입니다. 이때 전자가 일정한 방향으로 움직이면 주변에 자기장이 만들어집니다. 평소에는 각 전자의 운동 방향이 저마다 다양하므로 자기장의 방향도 다양해 외부에 영향을 미치지 못합니다. 그러나 금속이 특정 방향을 가진 외부 자기장 속에 있으면 금속 원자 내의 전자들도 모두 같은 방향으로 운동하면서 한 방향의 자기장이 만들어집니다. 이후 외부 자기장이 사라져도 전자들의 운동 방향이 한동안 유지되면서 물체는 자석과 같은 기능을 하게 됩니다. 나침반의 자침 역시 자화된 강자성체입니다. 지구 주변에는 자기장이 형성되어 있는데, 지구 북쪽에 있는 자북磁北의 S극과 자침의 N극 사이에 인력이 작용하므로 N극은 항상 북쪽을 가리키는 것입니다.

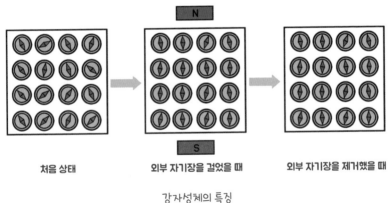

강자성체의 특징

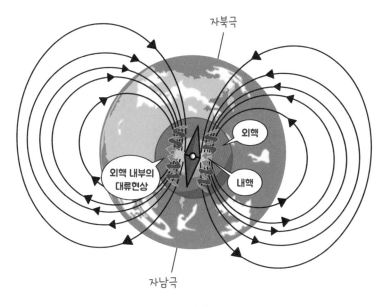

지구자기장

　그렇다면 지구 주변의 자기장, 즉 지구자기장(지자기)은 어떻게 형성되었을까요? 지구자기장의 형성에 관한 이론 중 현재 정설로 통하는 이론은 **다이너모이론**Dynamo theory입니다. 지구 내부는 우리가 발을 딛고 있는 지각과 그 아래의 맨틀, 외핵, 내핵으로 구성되어 있습니다. 이 중 철과 니켈 등으로 이루어진 유체 상태의 외핵은 대류현상으로 인해 끊임없이 움직이고 있습니다. 이 움직임에 의해 유도전류가 만들어져 지구자기장이 형성되었다는 것이 다이너모이론입니다. 그리고 이렇게 형성된 지구자기장은 태양으로부터 오는 엄청난 양의 유해 방사선을 막아 줌으로써 지구에 생명체가 살 수 있게 합니다.

그런데 자석은 보관을 잘못하면 자기적인 성질을 잃게 됩니다. 간혹 북쪽이 아닌 다른 방향을 가리키는 나침반이 있는 이유도 바로 이 때문입니다. 자석에 열이나 충격이 가해지면 자성을 잃게 되므로 주의해야 하며, 자석 여러 개를 함께 보관할 때는 꼭 서로 다른 극끼리 붙여 두어야 합니다. 또한 작동하고 있는 전자제품 주변에는 보통 자기장이 만들어지므로 전자제품 주변을 피해서 보관하는 것이 좋습니다. 나침반의 자침도 자석이므로 보관에 주의를 기울여야 합니다. 나침반을 다른 강한 자기장 주변이나 온도가 높은 곳에 보관하면 자성을 잃거나 자침의 극이 반대로 변할 수 있습니다. 또한 나침반에 습기가 차면 자침이 녹슬어 자성을 잃거나 회전을 잘 못하게 될 수 있습니다.

길을 찾으려면 나침반이 잘 작동하는지 잘 점검해야 해!

고장 난 나침반을 고치려면?

N극이 다른 방향을 가리키고 있는 고장 난 나침반은 막대자석을 이용해 고칠 수 있습니다. 막대자석의 N극을 나침반 자침의 N극에서 S극 방향으로 여러 번 문질러 주면 됩니다. 아니면 막대자석 두 개를 이용해 자침의 N극에 막대자석의 S극을, 자침의 S극에 막대자석의 N극을 대어 외부 자기장을 걸어 줌으로써 자침이 극에 맞는 자성을 갖게 하는 방법도 있습니다.

15

얼음은 왜
혀에 달라붙을까?

냉동실에서 막 꺼낸 얼음을 입안에 넣었다가 혀에 얼음이 달라붙는 바람에 당황스러웠던 적이 있을 것입니다. 차가운 음료 속에 든 얼음을 먹을 때는 이런 상황이 생기지 않는데, 왜 얼음만 먹을 때에는 얼음이 혀에 달라붙을까요?

물질은 보통 고체, 액체, 기체 세 가지 상태 중 하나로 존재하며, 온도와 압력에 따라 다른 상태로 변할 수 있습니다. 예를 들어 액체 상태인 물은 1기압에서 온도가 0℃ 아래로 내려가면 얼어서 고체 상태인 얼음이 되고, 100℃ 이상으로 올라가면 기체 상태인 수증기가 됩니다. 이러한 상태변화에는 열에너지의 출입이 있습니다.

열은 온도가 높은 곳에서 낮은 곳으로 이동합니다. 보통 가정에서 사용하는 냉장고의 냉동실 온도는 영하 20℃ 내외인데, 이는 액체 상태의 물보다 온도가 낮습니다. 그래서 물을 냉동실에 넣으면 물에서 냉동실로 열이 계속 이동해 가고, 열에너지를 계속 잃어 온도가 낮아지다가 어는 온도에 도달하면 고체로 상태변화하여 얼음이 됩니다. 반대로 물을 가열 장치로 끓이면 열이 물로 전달됩니다. 열에너지를 계속 얻은 물은 온도가 높아지고, 끓는 온도에 도달하면 기체로 상태변화해 수증기가 됩니다. 정리하자면 온도가 다른 두 물체가 가까이 있을 때는 온도가 높은 물체에서 온도가 낮은 물체로, 두 물체의 온도가 같아질 때까지 계속 열이 이동합니다. 그리고 두 물체의 온도가 같아져 열의 흐름이 중지된 상태를 **열평형상태**라고 합니다.

그렇다면 얼음을 입에 넣으면 혀에 달라붙는 이유는 무엇일까요? 냉동실에서 얼린 얼음은 냉동실 내부 공기와 열평형상태를 이루고 있습니다. 즉 냉동실 안 얼음의 온도는 냉동실 온도와 같은 영하

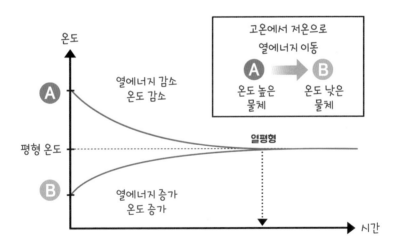

20℃ 내외입니다. 반면 입안의 온도는 피부의 온도보다 약간 높은 약 36.8℃ 정도 됩니다. 냉동실에서 막 꺼낸 영하 20℃의 얼음이 입안으로 들어오면 입안의 열은 온도가 낮은 얼음 쪽으로 이동하며, 특히 얼음과 접촉한 부위에서 얼음으로 많은 열이 순간 이동하게 됩니다. 이때 그 부위의 침이 열을 잃으며 급격히 어는 온도에 도달하며 순식간에 얼어 버리게 됩니다. 얼음과 혀 사이에 있던 침이 얼면서 얼음이 혀에 달라붙는 상황이 되는 것입니다. 차가운 얼음을 손으로 집었을 때 손에 얼음이 달라붙는 이유 역시 마찬가지입니다. 손가락 끝에서 나온 땀이 찬 얼음에 열을 빼앗겨 순간 얼어붙으면서 얼음이 손에 달라붙는 것입니다.

혀의 열에너지가 얼음으로 빠르게 이동하면서 침이 얼어붙는다.

이때 순간 당황하여 억지로 얼음을 떼려 한다면 혀가 다칠 수 있습니다. 언 침을 녹이면 달라붙은 얼음 역시 떨어지게 되므로 미지근한 물을 마셔 언 침을 녹이는 방법이 안전합니다. 만약 주변에 마실 것이 없다면 레몬 같은 신 음식이 입안에 들어오는 상상을 하면서 입에 따뜻한 새 침이 고이게 하는 방법도 있습니다.

대표적인 열 이동 방식

- **대류**(對流): 밀도 차에 의해 유체의 분자가 직접 이동하면서 열이 전달되는 현상.
- **전도**(傳導): 물질이 직접 이동하지 않고 인접 분자들의 연속적인 충돌을 통해 열이 전달되는 현상.
- **복사**(輻射): 열을 전달하는 매질 없이 열이 직접 전달되는 현상.

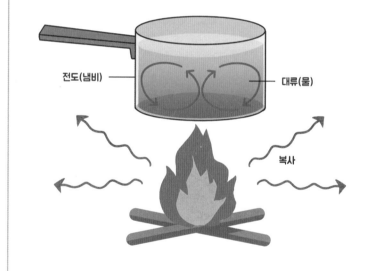

16

서핑보드를 탈 때
방향과 속도를 어떻게 조절할까?

삼면이 바다인 우리나라에서는 윈드서핑, 패들보드SUP, 서핑 등 다양한 해양 스포츠를 즐길 수 있습니다. 이 중 동력장치 없이 바람의 힘으로 나아가는 윈드서핑은 돛을 이용하여 방향을 조절하고, 패들보드는 노를 저어 방향을 조절합니다. 그런데 서퍼들은 아무런 도구 없이 원하는 방향으로 보드의 방향을 조절하며 나아갑니다. 여기서 주제의 의문이 생깁니다. 서핑보드를 탈 때 돛이나 노 없이 어떻게 방향과 속도를 조절할까요?

잔잔한 물에 돌을 하나 떨어뜨리면 그 진동이 옆으로 전달되면서 물결파가 만들어집니다. 마치 물이 움직이는 것처럼 보이지만 물은 상하좌우로 원 궤도를 그리며 진동할 뿐 옆으로 전달되는 것은 물 입자의 운동에 의한 에너지입니다. 즉 파도는 물을 매질로 하는 파동

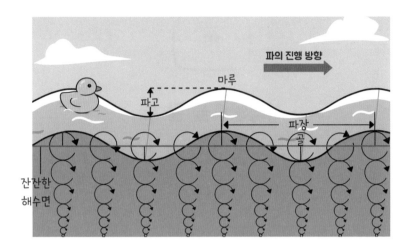

이며, 물결파는 파동의 진행 방향과 매질인 물의 진동 방향이 수직인 횡파입니다. 이때 파동에서 가장 높은 부분을 **마루**, 가장 낮은 부분을 **골**이라고 하며, 마루에서 다음 마루까지, 혹은 골에서 다음 골까지의 거리를 **파장**이라고 합니다. 서퍼들은 마루에서 골 사이를 미끄러지며 서핑을 즐깁니다.

그렇다면 서퍼들은 어떻게 속도와 방향을 조절할까요? 바다에 입수할 때 서퍼들은 파도타기에 적당한 위치에 도달할 때까지 보드에 엎드려 어깨와 팔을 이용해 노를 젓고, 이를 패들링paddling이라고 합니다. 그러다 뒤에서 누가 밀어 주는 것처럼 보드를 파도가 밀어 주는 위치에 도달하면, 서퍼는 빠르게 보드의 방향을 파도의 진행 방향으로 회전시키고 일어섭니다. 이를 "파도를 잡는다"라고 표현합니다. 그 위치는 물 입자가 골의 위치에서 파동 중심을 지나 마루의 위치로 운동하는 곳입니다.

적당한 위치까지
패들링하여 들어간다.

보드를 파도의 진행 방향으로
빠르게 회전시킨다.

균형을 잡으며
재빨리 일어선다.

    패들링 후 파도를 잡고 섰다면 발의 위치가 중요합니다. 두 발이
직사각형을 그리며 보드 중심에 나란히 있어야 합니다. 이때 서퍼
는 두 무릎을 나아가려는 방향을 향해 살짝 느슨하게 굽히는데, 이
자세를 통해 위아래로 진동하는 보드 위에서 균형을 유지할 수 있
습니다. 여기서 두 무릎을 굽히는 정도를 조절하면 엉덩이 위치가
바뀌며 무게중심을 앞뒤로 쉽게 이동할 수 있게 됩니다.

가속

무게중심을 앞쪽에 두면 속도가 증가한다.

마찰

무게중심을 뒤쪽에 두면 속도가 감소한다.

　무게중심을 앞쪽에다 두면 마루에서 골 방향으로 낮아지고 있는 보드의 위치에너지가 운동에너지로 변화하는 것을 가속해 보드의 속도가 빨라집니다. 반대로 무게중심을 뒤쪽에 두면 뒤쪽의 중력이 증가하여 아래로 가라앉는 회전력이 작용하고, 가라앉는 만큼 부력이 증가합니다. 두 힘이 균형을 이루면 회전이 멈추는데, 이때 뒤쪽이 물에 잠기면서 보드와 물 사이의 마찰력이 커져 속도가 느려집니다. 같은 원리로 느린 파도에서는 뒷발의 위치를 살짝 앞으로 두어 보드의 속도를 높이고, 빠른 파도를 탈 때는 뒷발의 위치를 뒤쪽으로 두어 보드의 속도를 줄입니다.

　무게중심 변화를 통해 보드의 좌우에 가해지는 힘을 변화시키면 보드에 가해지는 힘이 균형을 찾는 동안 회전력이 생기는데, 이 회전력을 통해 보드의 방향을 조절할 수도 있습니다. 이때 발을 뒤쪽으로 보내면 보드의 회전을 더 많이 조정할 수 있어 빠르게 방향을 바꿀 수 있습니다.

시선과 팔의 위치 역시 방향을 조절할 때 중요합니다. 나아갈 방향으로 시선을 두면 척추가 그 방향을 향해 정렬하게 됩니다. 또한 뒤쪽 발과 같은 방향에 있는 팔을 앞으로 가져와 서핑하려는 방향으로 뻗으면 그 방향으로 몸이 정렬되며 방향 조절에 유리합니다.

마지막으로 서핑보드 바닥에는 물체의 운동 방향과 수직으로 작용하는 힘인 양력을 생성하여 보드가 멀리 미끄러지지 않게 하는 핀fin이 달려 있습니다. 핀은 중력에 의해 생긴 속도를 수평 방향이나 위쪽 방향으로 움직이게 하는 힘으로 변환해서 서퍼가 원하는 방향으로 보드를 몰 수 있게 해 줍니다.

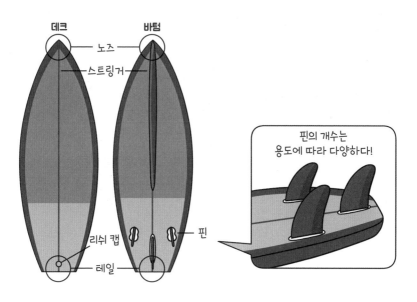

서핑보드의 부위별 명칭

3부

보면 볼수록 빠져드는
화학 호기심

사
아
아

17

이온음료에서
이온이 뭘까?

　격렬한 스포츠를 하는 선수들은 갈증을 해소하기 위해 물 대신 특별한 음료를 마시기도 합니다. 운동선수들을 위해 개발된 이 음료를 다른 나라에서는 스포츠음료sports drink라고 부르는데, 우리나라에서는 '이온음료'라는 이름으로 광고한 모 스포츠음료가 인기를 얻으면서 이온음료라는 말이 더 널리 쓰이게 되었습니다. 그렇다면 이온음료에서 '이온'은 뭘까요?

　과격한 운동을 하다 보면 땀을 많이 흘리게 됩니다. 땀에서는 약간 짠맛이 나는데, 땀에 들어 있는 전해질, 즉 이온 때문입니다. 땀은 우리 몸의 체액이 빠져나온 것으로 대부분이 수분이지만, 나트륨 이온(Na^+), 칼륨 이온(K^+), 칼슘 이온(Ca^{2+}), 마그네슘 이온(Mg^{2+}), 염화 이온(Cl^-) 등 여러 이온이 포함되어 있습니다. 이온은 체내 항

상성 유지에 필수적인 역할을 하며, 수용액 안에서 전류를 잘 흐르게 하는 성질을 지닙니다. 이때 용매에 녹아 이온을 형성함으로써 전기를 통하게 하는 물질을 전해질이라고 부릅니다.

땀을 많이 흘린 후 물을 마시면 우리 몸에 수분이 공급됩니다. 그러나 체내에 수분만 공급되면 체액의 전해질 농도가 낮아지면서 삼투현상이 발생합니다. **삼투현상**은 농도가 묽은 용액과 진한 용액이 반투과성 막을 사이에 두고 있을 때 농도가 묽은 쪽에서 진한 쪽으로 용매가 이동하는 현상을 말합니다. 즉 체내의 전해질 농도가 낮아지면 삼투현상에 의해 땀이나 소변을 통해 몸 바깥으로 다시 물이 배출되고, 오히려 갈증이 심해져 물을 더 마시게 됩니다. 이런 현상이 되풀이되면 체액의 전해질 농도가 계속 낮아져 우리 몸의 말초 조직이나 뇌 조직으로 수분이 이동해 저나트륨혈증이나 부종 같

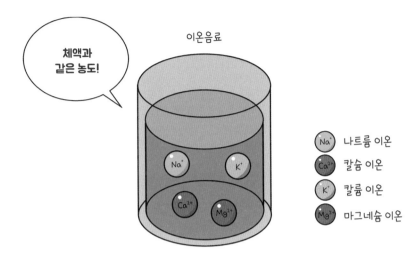

은 수분중독 현상이 나타날 수도 있습니다. 따라서 땀을 많이 흘린 후에는 수분과 함께 전해질도 보충해서 전해질 균형을 유지하는 것이 매우 중요합니다.

이렇게 땀으로 빠져나간 필수 전해질을 보충하기 위해 개발된 음료가 바로 이온음료입니다. 1965년 미국 플로리다대학교 의학부 연구실에서 대학 미식축구 선수들이 수분과 전해질을 빠르게 흡수할 수 있도록 이온과 당이 들어 있는 음료를 개발했고, 이것이 이온음료의 시초가 되었습니다. 참고로 국내에서 판매되는 이온음료 대부분의 정확한 명칭은 '아이소토닉isotonic 음료'로, 체액과 같은 삼투압을 가진 음료, 즉 체액과 같은 농도로 만들어진 음료라는 뜻입니다.

그렇다면 이온이란 정확히 무엇일까요? 우선 물질을 구성하는 입자인 **원자**를 살펴보겠습니다. 물질을 이루는 기본 입자인 원자의 중

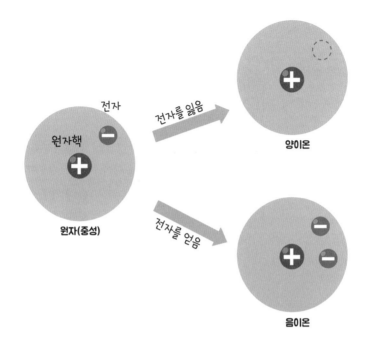

전자

원자핵

원자(중성)

전자를 잃음

전자를 얻음

양이온

음이온

심에는 원자핵이 있고, 원자핵 주변에는 전자가 있습니다. 원자핵은 전기적으로 양전하를 띠며 전자는 전기적으로 음전하를 띱니다. 따라서 원자핵과 전자는 서로 끌어당기고 있고, 원자핵이 지닌 양전하와 전자가 지닌 음전하가 같아서 원자는 전기적으로 중성입니다.

그런데 원자들이 결합하여 새로운 물질이 형성될 때 원자는 원래 가지고 있던 전자를 잃기도 하고 새로운 전자를 얻기도 합니다. 이처럼 원자가 전자를 잃거나 얻어서 전기적으로 중성이 아닌 입자를 **이온**이라고 부릅니다. 이때 전기적으로 중성이던 원자가 전자를 잃으면 음전하가 줄어들어서 전체적으로 양전하를 띠고, 이러한 입자를 **양이온**이라고 합니다. 반대로 전기적으로 중성이던 원자가 전자

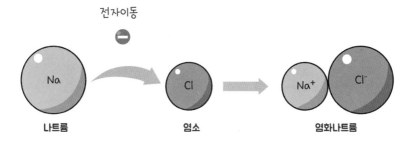

전자이동

나트륨　　　　　　　　염소　　　　　　　　　염화나트륨

를 얻으면 음전하가 늘어나 전체적으로 음전하를 띠고, 이러한 입
자를 **음이온**이라고 합니다.

　우리 주변에서 흔히 볼 수 있는 소금을 예시로 이어 설명해 보겠
습니다. 소금의 화학 명칭은 '염화나트륨'이고, 화학식으로 나타내
면 NaCl입니다. 나트륨(Na)과 염소(Cl)가 결합하는 경우, 전자를 한
개 잃었을 때 상대적으로 더 안정한 상태가 되는 나트륨은 +1의 양
전하를 띠는 나트륨 이온(Na^+)이 됩니다. 반면 염소는 전자를 한 개
얻었을 때 상대적으로 더 안정한 상태가 되어서 −1의 음전하를 띠
는 염화 이온(Cl^-)이 됩니다. 소금은 이처럼 나트륨 이온과 염화 이
온이 이온 상태로 결합하여 고체 결정을 이루고 있는 물질입니다.
즉 양이온과 음이온이 결합하면 나트륨(Na)과도 다르고 염소(Cl)와
도 다른 염화나트륨(NaCl)이라는 새로운 물질이 됩니다.

　그런데 염화나트륨이 물에 녹으면 다시 나트륨 이온(Na^+)과 염
화 이온(Cl^-)이 형성됩니다. 이처럼 이온결합으로 형성된 물질이 물
에 녹아 양이온과 음이온의 상태가 되는 현상을 화학에서는 **이온화**
라고 합니다. 우리가 보통 "소금이 물에 녹는다"라고 표현하는 것은

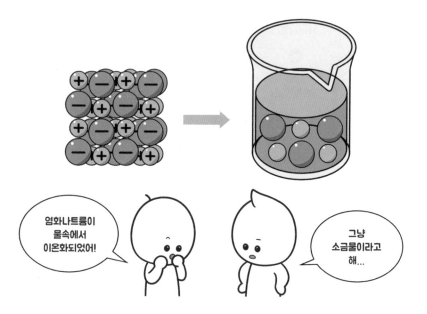

화학적으로는 염화나트륨이 물속에서 이온화하여 나트륨 이온과
염화 이온으로 존재하는 상태입니다.

정리하자면 이온음료란 우리 몸에 필수적으로 필요한 전해질이
이온 형태로 존재하는 음료입니다. 그래서 이온음료를 마시면 우리
몸에 수분과 전해질이 동시에 공급되어 땀으로 빠져나간 수분과 전
해질을 보충할 수 있습니다. 땀을 많이 흘려서 일시적으로 탈수가
심해지고 염분이 많이 빠져나갔을 때 이온음료를 섭취하면 체액과
비슷한 농도의 전해질이 이온 형태로 빠르게 공급되므로 전해질 균
형 회복에 도움이 됩니다.

하지만 가벼운 운동 뒤에 반드시 이온음료를 마실 필요는 없습니
다. 가벼운 운동을 할 때는 몸에서 배출되는 수분과 전해질이 많지

않아 물을 적당량 마시는 것만으로도 금방 전해질 균형이 회복되기 때문입니다. 게다가 이온음료에는 필수 이온의 짠맛을 가리기 위해 당분이 들어 있어서 이온음료를 지나치게 많이 마시면 혈당이 상승하고 체내 삼투압을 높여 오히려 신장에 부담을 줄 수 있습니다. 그러므로 과격한 운동을 한 뒤나 힘든 일을 마친 뒤 땀을 많이 흘렸을 경우에 이온음료를 적당량 마시는 것이 효과적이겠습니다.

18

린스를 하면 왜
머리카락이 계속 부드러울까?

머리를 감을 때 샴푸로만 감으면 머리카락이 푸석하고 거칠며, 엉켜서 잘 빗기지도 않습니다. 반면 트리트먼트나 린스를 함께 사용하면 머리카락이 부드러워집니다. 이유가 뭘까요?

머리카락은 주로 **케라틴**keratin이라는 단단한 단백질로 이루어져 있어 섬유처럼 기다란 형태로 자라는 말단 조직입니다. 참고로 머리카락은 죽은 각질세포로, 우리가 "머리카락이 자란다"라고 표현하는 현상은 사실 죽은 각질세포가 두피에서 밀려 나와 길어지는 것입니다. 머리카락은 다른 신체조직에 비해 얇고 가닥수가 많으며 매우 빼곡한 편이라 정전기가 가장 심한 신체 부위입니다. 그래서 평소 중성 pH에서는 정전기에 의해 음전하를 띠고 있습니다.

머리카락에 붙은 때를 제거할 때는 주로 샴푸를 사용합니다. 샴푸는 음이온 계면활성제를 주성분으로 하는데, **계면활성제**surfactant란 물에 녹기 쉬운 친수성 부분과 기름에 녹기 쉬운 소수성 부분을 가지고 있는 화합물입니다. 계면활성제가 물속에 들어가면 소수성 부분은 물과 먼 쪽을 향하고 친수성 부분은 물을 향하면서 아래 그림처럼 둥글게 배열됩니다. 이때 소수성 부위가 기름 때와 같은 지방 성분의 오염물질을 녹이고, 친수성 부분은 오염물질이 물과 같이 씻겨 나가게 합니다. 이처럼 친수성 부분과 소수성 부분을 동시에 지닌 구조 덕분에 세척에 유리하므로 계면활성제는 샴푸 외에도 비누나 세제 등으로 활용됩니다.

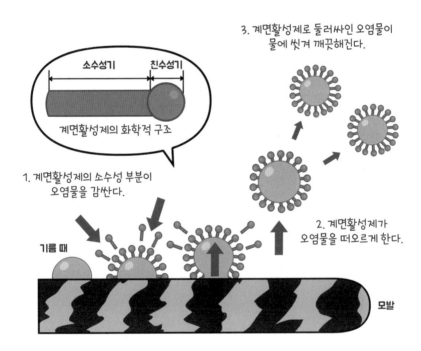

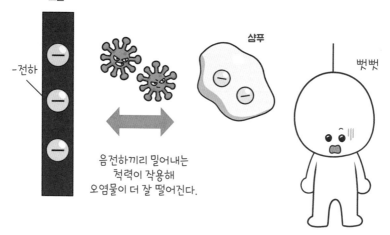

정전기로 인해
평소 음전하를 띤다.

모발

-전하

음전하끼리 밀어내는
척력이 작용해
오염물이 더 잘 떨어진다.

샴푸

뻣뻣

계면활성제에는 음이온 계면활성제, 양이온 계면활성제, 양쪽성 계면활성제 등 여러 종류가 있습니다. 이 중 샴푸와 비누, 세안제 등 세정 목적의 제품에는 주로 음이온 계면활성제가 사용됩니다. 앞서 설명했듯 사람의 머리카락은 정전기에 의해 평소 음전하를 띠고 있는데, 머리카락의 음전하와 계면활성제의 음이온 사이에 전기적으로 밀어내는 힘인 반발력이 작용하므로 머리카락에 붙은 때가 더욱 잘 떨어지기 때문입니다. 이 반발력 때문에 샴푸로 머리를 감으면 정전기가 심해지면서 머리카락이 엉키고 빗질이 잘 되지 않습니다.

샴푸의 염기성 역시 머리카락 상태에 영향을 미칩니다. 머리카락은 pH에 따라 그 상태가 달라지는데, 머리카락에 대해 연구하는 모발생리학 이론에 따르면 머리카락을 이루는 단백질은 pH 4.5에서

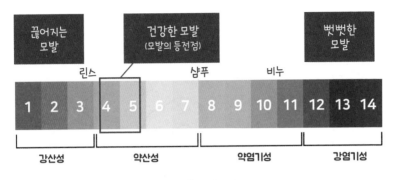

pH에 따른 모발의 상태

5.5 정도의 약산성일 때 가장 탄력 있고 안정화된 상태가 되고, 이때의 pH를 모발의 등전점이라고 부릅니다. 머리카락은 모발의 등전점에 있을 때 가장 부드럽고 매끈한 상태가 됩니다. 반면 강한 산성이나 강한 염기성에서는 머리카락이 거칠어지며 심한 손상이 일어납니다. 샴푸는 보통 pH 7.5에서 8.5 정도 되는 약한 염기성이므로 샴푸만으로 머리를 감으면 머리카락이 거칠고 푸석푸석한 상태가 됩니다. 참고로 비누는 pH 10.5 정도로 샴푸보다 염기성이 강하므로 비누로 머리를 감으면 샴푸보다 머리카락이 더 뻣뻣하고 거칠어지며 더 많이 엉키게 됩니다.

이때 샴푸로 인해 음이온화된 머리카락에 양이온 계면활성제가 들어 있는 린스와 트리트먼트를 사용하면 양이온으로 인해 머리카락이 전기적인 중성 상태로 중화됩니다. 즉 정전기가 방지되고 진정되면서 머리카락이 부드러운 상태로 변합니다. 또한 린스와 트리트먼트에 들어 있는 유분은 머리카락에 윤기를 부여하여 머리카락이 찰랑거리는 느낌을 줍니다. 이후 물로 머리를 헹구어도 머리카락은 전기적으로 중성 상태를 계속 유지하므로 린스나 트리트먼트를 사용하면 머리카락은 계속 부드러운 상태를 유지하게 됩니다.

또한 헤어 린스와 트리트먼트에는 소량의 산성 성분이 들어 있어서 샴푸 후 약한 염기성으로 거칠어진 머리카락을 모발의 등전점에 좀 더 가까워지게 합니다. 그래서 린스를 샴푸와 함께 쓰면 머리카락이 부드럽고 매끄러운 상태로 유지됩니다. 참고로 린스 대신 식초를 사용해도 식초의 약한 산성 때문에 비슷한 효과가 납니다.

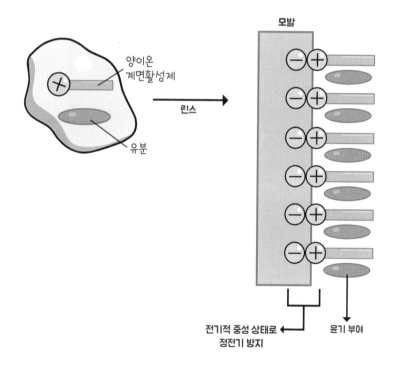

19

달걀을 삶으면
왜 단단해질까?

　달걀은 일상에서 흔히 접하는 식재료입니다. 날달걀을 톡 하고 터트리면 투명한 액체 상태인 흰자와 투명한 노란색을 띤 물렁한 노른자가 쏟아집니다. 그런데 끓는 물에 달걀을 삶으면 흰자와 노른자의 색은 불투명해지고 액체 상태였던 날달걀이 고체 상태로 단단해집니다. 이유가 뭘까요?

　이 변화는 달걀을 이루는 성분의 특성과 관련이 있습니다. 달걀은 대표적인 **단백질** 식품입니다. 좀 더 자세한 설명을 위해 질량 50g인 달걀 한 개를 기준으로 말해 보겠습니다. 질량 50g인 달걀에서 가장 많은 성분은 약 38g인 수분입니다. 전체 질량의 약 76%가 수분이므로 날달걀은 액체 상태입니다. 다음으로 많은 성분이 바로 약 14%를 차지하는 단백질로, 달걀 한 개에는 단백질이 7g 정도 들어 있습

달걀 한 개에 들어 있는 영양 성분(50g기준)
출처: 국가표준식품성분표

니다. 총 질량 50g에서 수분 38g을 제외한 나머지 12g 중 7g이라는 비율을 생각해 볼 때, 달걀은 단백질 함량이 매우 높은 식품임을 알 수 있습니다.

단백질을 구성하는 기본 단위는 아미노산입니다. 아미노산의 기본 구조는 다음 페이지의 그림과 같이 탄소 원자(C)를 중심으로 다른 원자들이 결합되어 있는 형태입니다. 이때 중심에 있는 탄소 원자에는 결합할 수 있는 부분이 네 군데 있습니다. 이 중 한 군데는 수소 원자(H)가, 한 군데는 아미노기($-NH_2$)가, 다른 한 군데는 카복실기(-COOH)가 결합되어 있습니다. 이때 아미노기와 카복실기처럼 분자의 특징적인 화학반응을 담당하는 부분을 작용기라고 부릅니다. 탄소 원자의 결합 부위 중 마지막 한 군데는 곁사슬(R)이라고 부르는데, 곁사슬에는 다양한 원소나 작용기가 결합할 수 있습니다.

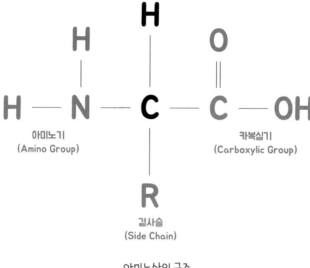

아미노산의 구조

이 곁사슬 부분에 무엇이 결합하느냐에 따라 아미노산의 이름이 결정되고, 다양한 종류의 아미노산이 만들어집니다.

아미노산 한 개가 다른 아미노산과 결합하여 더 긴 사슬 모양의 아미노산 중합체를 만들 수도 있습니다. 한 아미노산과 다른 아미노산이 연결되는 화학결합을 **펩타이드결합**Peptide bond이라고 하고, 아미노산 여러 개가 펩타이드결합으로 길게 연결된 아미노산 중합체를 **폴리펩타이드**Poly-peptide라고 하는데, 아미노산 두 개가 펩타이드결합을 하면 폴리펩타이드가 형성되면서 물 분자가 빠져나옵니다.

비즈로 목걸이나 팔찌를 만들 때를 떠올려 봅시다. 비유하자면 기다란 줄에 끼우는 비즈 하나하나가 아미노산이고, 여러 비즈가 연결되어 한 줄로 길게 연결된 것이 폴리펩타이드입니다. 이처럼 아

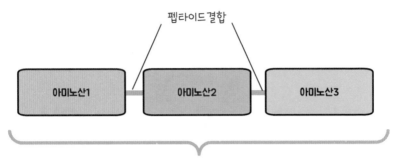

폴리펩타이드

미노산이 계속 반복하여 중합반응이 일어나면 폴리펩타이드 사슬이 점점 길어지고 분자의 크기와 질량이 커집니다. 달걀 단백질을 포함한 대다수 단백질은 수많은 아미노산이 펩타이드결합으로 만들어진, 폴리펩타이드 사슬로 이루어진 물질입니다.

　수많은 아미노산이 펩타이드결합을 반복할수록 폴리펩타이드 사슬은 목걸이 줄처럼 직선형으로 길어집니다. 이처럼 폴리펩타이드가 사슬처럼 일렬로 쭉 늘어선 선형 구조를 **단백질의 1차 구조**라고 합니다. 이때 가까운 아미노산 분자 간의 '수소결합'이라는 힘 때문에 직선형인 1차 구조의 폴리펩타이드에 접힘folding이 일어나게 됩니다. 접힘이 일어난 폴리펩타이드는 나선형이나 병풍 모양이 되는데 이것을 **단백질의 2차 구조**라고 합니다. 나선형이나 병풍 구조 폴리펩타이드가 분자 간에 작용하는 힘 때문에 더욱 구부러지거나 접혀서 입체 구조를 형성하면 이를 **단백질의 3차 구조**라고 합니다. 또한 3차 구조를 형성한 폴리펩타이드가 두 개 이상 모여 복합체를 형성한 것을 **단백질의 4차 구조**라고 합니다.

1차 구조	**2차 구조**	**3차 구조**	**4차 구조**
아미노산들이 펩타이드결합을 반복해 일렬로 폴리펩타이드를 형성한다.	1차 구조가 나선 모양이나 병풍 모양으로 접힌다.	2차 구조가 더욱 구부러지고 접혀 입체 구조를 형성한다.	3차 구조가 두 개 이상 모여 복합체를 형성한다.

앞서 날달걀은 수분이 약 76%라서 흰자와 노른자가 모두 액체 상태라고 설명했습니다. 이 중 흰자는 87%가 수분이고 나머지는 대부분 단백질이며, 노른자는 지방이 약 66%이고 나머지는 단백질입니다. 따라서 달걀을 삶거나 구우면 열에 의해 달걀의 주성분인 단백질의 **변성**denaturation이 일어납니다.

단백질의 변성이란 단백질의 4차 구조와 3차 구조가 풀리면서 단백질 고유의 입체 구조가 풀어지고 무질서하게 변화하는 과정입니다. 다시 말해 화학적으로 단백질을 구성하는 아미노산 분자 간의 결합이 약해지고, 단백질의 입체적인 구조가 바뀌면서 단백질이 가지고 있는 고유의 특성과 기능을 잃는 것입니다. 이로 인해 달걀에 열을 가하게 되면 단백질의 결합이 끊어져 덩어리로 뭉치고 단단해지면서 불투명하고 단단한 고체 덩어리로 변화하게 됩니다.

정리하자면, 액체 상태였던 날달걀을 삶으면 단단해지는 이유는 바로 달걀에 들어 있는 단백질이 열에 의해 변성되어 단백질의 입체 구조가 변화하고, 그러면서 물질이 지닌 특성이 바뀌었기 때문입니다. 고기를 구우면 단단해지는 것도 바로 이 단백질의 변성 때문입니다.

참고로 열을 가하는 것 외에도, 레몬즙이나 식초와 같은 산, 또는 염기성 물질을 첨가하여 물질의 산성도를 변화시키거나, 이온 등 다른 화학물질을 첨가하거나 압력 등의 조건을 변화시켜도 단백질의 변성이 일어납니다.

삶은 달걀을 식혀도
날달걀이 되지 않는 이유는?

변화가 일어났다가 다시 원래 상태로 되돌아가는 화학반응을 가역반응이라고 하고, 원래 상태로 되돌아가지 않는 반응을 비가역반응이라고 합니다. 단백질의 변성은 비가역반응에 해당합니다. 즉 단백질이 변성된 후에 가열을 멈추고 온도를 낮춘다고 해서 단백질의 3, 4차 입체 구조가 이미 풀린 후에는 다시 원래의 입체 구조로 돌아가지 않습니다. 따라서 삶은 달걀이나 달걀프라이 같은 요리된 달걀을 차갑게 한다고 해서 불투명하고 단단하게 변화한 달걀을 액체 상태로 되돌릴 수는 없습니다.

20

드라이아이스를 물에 넣으면
왜 연기가 날까?

가게에서 아이스크림을 사면 드라이아이스를 함께 포장해 주기도 합니다. 드라이아이스의 온도는 영하 78.5℃로, 0℃ 이하에서 존재하는 얼음보다 그 온도가 매우 낮습니다. 그래서 다른 물질을 냉각시키는 냉매로 사용되고, 식품 보관에도 유용하게 이용됩니다. 그런데 이러한 드라이아이스를 물에 넣으면 물에 기포가 발생하면서 주변으로 하얀 연기가 생겨납니다. 왜 물에 넣은 드라이아이스는 얼음처럼 액체로 변하지 않고 연기로 빠져나갈까요?

드라이아이스dry ice는 이산화탄소를 냉각하여 만든 물질입니다. 물질 대부분은 특정한 온도와 압력에서 고체, 액체, 기체 중 한 가지 상태로 존재하는데, 이산화탄소는 1기압 기준 영하 78.5℃ 이상의 온도에서는 기체 상태로, 영하 78.5℃ 이하의 온도에서는 고체 상태인 드라이아이스로 존재합니다. 즉, 평소 우리가 살고 있는 대기압 환경인 1기압에서 이산화탄소는 액체 상태를 거치지 않고 고체에서 기체로 바로 상태변화를 합니다. 이렇게 고체에서 기체로, 기체에서 고체로 바로 상태변화를 하는 물질을 승화성 물질이라고 합니다.

특정한 온도와 압력에서 물질이 어떤 상태로 존재하는지 나타낸 그래프를 **상평형그림**이라고 부릅니다. 상평형그림은 증기압력곡선, 융해곡선, 승화곡선의 세 개 선으로 구성되는데, 각 면적의 경계를 이루는 각 선 위에서는 두 가지 상태가 평형을 이루면서 공존합니다. 또한 세 개 직선이 만나는 점에 해당하는 삼중점의 온도와 압력에서는 고체, 액체, 기체 세 가지 상태가 모두 함께 존재합니다.

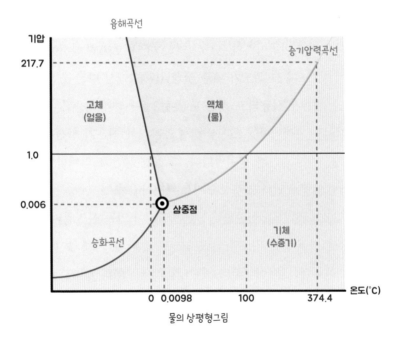

물의 상평형그림

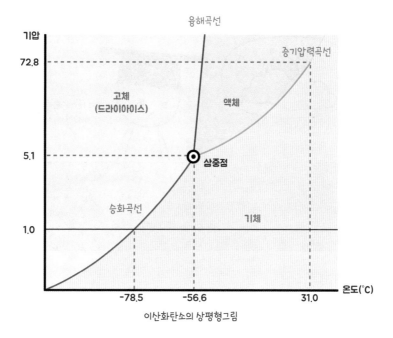

이산화탄소의 상평형그림

물의 상평형그림을 보면 1기압에서 액체가 고체로 상태변화를 하는 어는점은 0℃이며, 액체에서 기체로 상태변화를 하는 끓는점은 100℃임을 알 수 있습니다. 기압이 높아질수록 물의 녹는점은 낮아지고 끓는점은 높아집니다. 반면 드라이아이스를 이루는 이산화탄소의 상평형그림을 보면, 기압이 5.1 이상 되어야 이산화탄소가 액체 상태로 존재할 수 있습니다. 따라서 평소 우리가 생활하는 1기압에서는 이산화탄소를 고체 상태와 기체 상태로만 관찰할 수 있습니다.

여기서 재미있는 점은 드라이아이스를 공기 중에 가만히 놔둘 때 생기는 하얀 연기의 정체는 이산화탄소가 아니라는 사실입니다. 이

산화탄소 기체는 무색이고 무취이므로 육안으로 보거나 냄새를 맡을 수 없습니다. 드라이아이스는 승화할 때 주변 공기로부터 열에너지를 흡수하는데, 이때 공기 중에 있는 기체 상태의 수증기가 냉각되어 작은 물방울로 상태변화를 합니다. 드라이아이스 주변에서 보이는 하얀 연기의 정체는 바로 공기 중의 수증기가 액체 상태로 변한 물방울입니다. 지표면의 온도가 갑자기 낮아질 때 지표면 부근의 냉각된 수증기가 응결되면서 생기는 안개나, 공기 중의 수증기가 응결하면서 만들어지는 구름과 같은 원리입니다.

주제의 질문으로 돌아가, 드라이아이스를 물에 넣으면 왜 보글보글 소리가 나면서 기포가 올라오고, 공기 중보다 빠르게 하얀 연기가 생길까요? 물의 온도는 0℃ 이상으로, 영하 78.5℃ 이하인 드라이아이스보다 높습니다. 그래서 드라이아이스를 물에 넣자마자 드라이아이스는 물로부터 열에너지를 얻어 바로 승화하고 이산화탄소 기체가 만들어집니다. 이때 물의 표면장력 때문에 이산화탄소 기체가 물에서 빠져나올 때 동그란 모양의 기포를 형성하고, 마치 물이 끓는 것처럼 보이게 됩니다.

또한 드라이아이스를 공기 중에 놔뒀을 때와 마찬가지로, 물속의 드라이아이스는 빠르게 승화하면서 주변으로부터 열에너지를 흡수합니다. 이때 드라이아이스 주변 공기 중의 수증기가 열에너지를 빼앗기며 작은 물방울로 상태변화를 합니다. 수증기가 냉각된 작은 물방울들이 우리 눈에 하얀 연기로 보이는 것입니다.

참고로 물에 넣은 드라이아이스는 대부분은 기포를 형성한 후 공기 중으로 빠져나가지만, 일부 이산화탄소는 물에 녹습니다. 이처럼 이산화탄소가 물에 녹은 것을 탄산이라고 부릅니다.

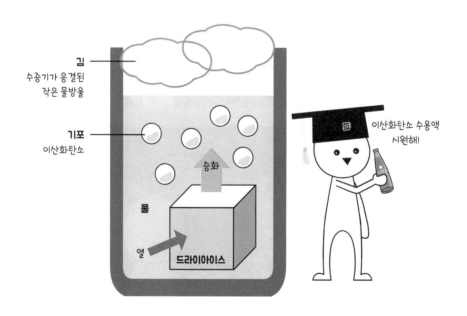

김
수증기가 응결된
작은 물방울

기포
이산화탄소

승화

물

열

드라이아이스

이산화탄소 수용액
시원해!

21

건전지는 왜 폐건전지함에
따로 버려야 할까?

시계나 리모컨 등 가정에서 사용하는 많은 제품에는 건전지가 사용됩니다. 일반 쓰레기로 착각하기 쉽지만, 수명이 다한 건전지를 버릴 때는 반드시 폐건전지 수거함 등에 따로 모아서 재활용해야 합니다. 이유가 뭘까요?

일반적으로 사용하는 전지battery는 화학반응을 이용해 물질의 화학에너지를 전기에너지로 바꾸는 장치입니다. 전자가 서로 다른 두 종류의 금속 사이를 이동하며 전해질 용액과 접촉하면, 두 금속 사이에 전자의 흐름을 만드는 힘인 전압이 발생합니다. 전압 차에 의해 반응성이 큰 금속에서 반응성이 작은 금속 방향으로 전자가 이동하여 도선을 통해 전류가 흐르게 됩니다.

초기에는 전해질 용액을 액체 상태 그대로 사용한 습전지wet cell가 사용되었습니다. 그러나 습전지는 용액이 쏟아지거나 흘러나와 이동과 보관이 어려운 문제가 있었으므로 나중에는 전해질을 반죽으로 굳히거나 종이나 솜에 흡수해서 수분이 거의 없는 상태로 만들었습니다. 이것이 바로 마른 전지, 즉 건전지dry cell입니다.

최초의 건전지는 프랑스의 과학자 르클랑셰Leclanché가 1868년에 만든 망간전지입니다. 망간전지는 아연으로 원통을 만들어 가운데에 탄소막대를 세우고, 그 사이에 이산화망간과 염화암모늄 수용액에 흑연을 섞어 반죽해 만든 전해질을 채운 구조입니다. 그러면 아연 원통이 −극으로, 탄소막대가 +극으로 작용하며 건전지에 1.5V의 전압이 발생합니다. 여기서 전해질의 종류를 산성인 염화암모늄 대신 염기성인 수산화나트륨으로 바꾼 것이 알카라인전지입니다. 알카라인전지는 금속이 부식되는 속도가 느려서 망간전지보다 수

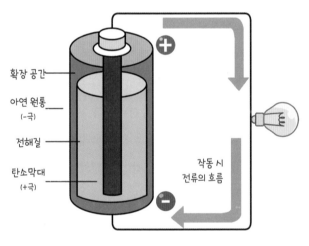

확장 공간

아연 원통
(-극)

전해질

탄소막대
(+극)

작동 시
전류의 흐름

망간전지의 구조

명이 깁니다.

　망간전지와 알카라인전지는 오늘날까지 많이 사용되는데, 두 전지 모두 한 번 사용하면 다시 충전이 되지 않는다는 공통점이 있습니다. 이처럼 충전이 되지 않는 일회성 전지를 **1차전지**라고 하고, 방전된 전지를 다시 충전해 쓰는 충전용 전지를 **2차전지**라고 합니다. 물론 2차전지도 방전 속도가 빨라지거나 전지가 사용된 기계를 바꾸면 버려야 합니다.

　건전지를 그냥 버려선 안 되는 이유는 건전지의 구조와 관련이 있습니다. 건전지를 따로 수거하면 건전지 안에 들어 있는 금속을 회수해 자원을 효율적으로 재활용할 수 있습니다. 앞에서 설명했듯 건전지는 두 금속 사이의 화학반응을 통해 전류가 흐르게 하는 장치이므로 폐건전지를 수거하면 건전지 내부에 있는 해당 금속 성분

	1차전지 (1회용)		2차전지 (충전용)		
종류	망간전지 알카라인전지	산화은전지	니켈-카드뮴 전지	니켈-수소 전지	리튬전지
재활용하는 금속 성분	아연(Zn) 망간(Mn)	은(Ag)	니켈(Ni) 카드뮴(Cd)	니켈(Ni)	리튬(Li)

을 재활용할 수 있습니다.

또한 건전지에는 산성 및 알칼리성 전해질 같은 부식성 물질과 아연, 망간, 니켈, 카드뮴 등의 중금속이 포함되어 있습니다. 이런 성분은 토양오염과 수질오염 등의 환경오염을 유발하며, 건전지를 소각할 경우 대기오염까지 유발할 수 있습니다.

건전지의 성분은 인체에도 유해한데, 산화된 아연가루를 마시면 근육통, 발열, 구토, 위통 따위의 증상이 발생하는 아연중독에 걸릴 수 있고, 망간이 인체에 흡입되면 폐렴과 기관지염 등 호흡기질환이 발생할 수도 있습니다. 또한 일본의 이타이이타이병 イタイイタイ病의 사례에서 알 수 있듯, 카드뮴에 중독되면 뼛속 칼슘 성분이 녹으며

금속 재활용 환경오염

금속 중독 화재 위험

심한 통증과 함께 신장 장애와 골연화증이 발생합니다.

마지막으로 리튬전지나 전압이 약간 남아 있는 건전지를 일반 쓰레기로 버리면, 쓰레기 폐기 시설에서 화재가 발생하거나 폭발할 수 있다는 위험도 있습니다.

정리하자면 건전지를 수거함에 따로 버려 재활용하면 금속 성분을 회수해 자원을 효율적으로 이용하는 데 도움이 될 뿐 아니라, 독성물질로부터 환경을 보호하고 인간의 건강을 지키며 화재를 예방할 수 있습니다. 그러니 다 사용한 폐건전지는 반드시 따로 마련된 건전지 수거함에 버려야 합니다.

22

매울 때 물을 마시면
왜 더 매울까?

매운 음식을 먹어 괴로울 때는 매운맛을 줄이기 위해 무의식적으로 물을 벌컥벌컥 들이켜게 됩니다. 그런데 물을 마신 뒤에는 오히려 입안 전체가 화끈거리며 매운맛이 더 강하게 느껴집니다. 매울 때 물을 마시면 왜 더 매울까요?

고춧가루나 고추장에 들어 있는 매운맛의 정체는 **캡사이신**이라는 물질입니다. 입안으로 들어온 캡사이신은 43℃ 이상의 열과 통증을 감지하는 **TRPV1 감각수용체**에 달라붙어 뇌에 전기 신호를 보내고, 신호를 받은 뇌는 매운 것을 열과 통증으로 인식합니다. 즉 캡사이신으로 인한 열감과 통증을 줄이기 위해서는 TRPV1 수용체에 결합한 캡사이신 분자를 희석하거나 제거해야 합니다. 이때 캡사이신 분자를 효과적으로 제거하려면 캡사이신의 특성을 파악해 알맞게

대처하는 것이 중요합니다.

　물질의 특성을 설명하는 데에는 친수성과 소수성, 극성과 무극성 개념이 사용됩니다. **친수성**은 물 분자와 친화력이 커서 물과 잘 결합하는 성질을 의미합니다. 물 분자는 비대칭 구조라 분자 내에 약하게 전기적으로 양전하와 음전하를 띠고 있는데, 이처럼 양전하 또는 음전하를 띠고 있는 상태를 **극성**polarity이라고 하고, 비대칭구조인 친수성 물질들은 대부분 극성 분자입니다.

　반대로 **소수성**은 물 분자와 친화력이 작아 물과 잘 결합하지 않고, 기름과 같은 지방 성분과 잘 결합하는 성질을 의미합니다. 소수성

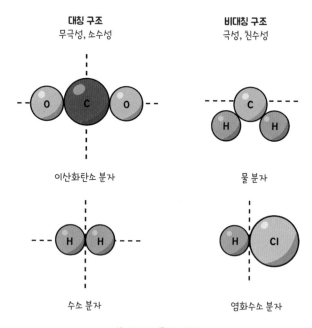

분자구조와 물질의 성질

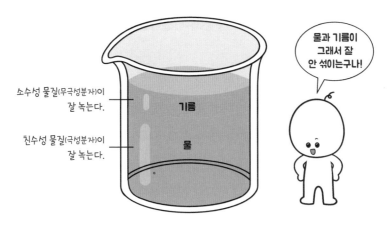

소수성 물질(무극성분자)이
잘 녹는다.

친수성 물질(극성분자)이
잘 녹는다.

기름

물

물과 기름이
그래서 잘
안 섞이는구나!

화학적 성질이 다른 물질은 잘 섞이지 않는다.

물질은 대부분 분자에 양전하나 음전하를 띤 부분이 없거나, 분자가 대칭 구조여서 전체적으로 전하의 합이 0이 되는 **무극성**non-polarity입니다.

물질들은 성질이 비슷한 것끼리 잘 섞이고 잘 녹는 반면, 성질이 다른 것끼리는 잘 섞이지 않습니다. 대표적인 극성 물질인 물이 무극성 물질인 기름과 잘 섞이지 않는 이유도 마찬가지입니다. 참고로 물질이 잘 녹거나 섞인다는 것은 두 물질이 화학적으로 잘 결합하는 것을 의미합니다.

다시 주제의 질문으로 돌아가, 캡사이신의 특성을 살펴보겠습니다. 캡사이신 분자는 긴 탄소 사슬 구조 때문에 소수성을 띠므로 화학적으로 물과 잘 결합하지 않고, 기름 성분과 잘 결합합니다. 그래서 캡사이신은 혀에 있는 TRPV1 같은 단백질 수용체나 얇은 지방층 막이 있는 세포막에는 잘 결합하지만, 물과 잘 결합하지 않으니다. 다시 말해 물은 TRPV1 수용체에 결합한 캡사이신 분자를 녹이지 못합니다.

매울 때 물을 마시면 더 매워지는 이유가 여기에 있습니다. 매운맛을 달래기 위해 물을 마시면 물에 녹지 않는 캡사이신이 떠밀려 가서 옆자리의 다른 TRPV1 단백질 수용체와 결합하게 됩니다. 그러면 매운맛이 줄어들기는커녕 오히려 혀 전체에서 얼얼함을 느끼게 됩니다. 즉 매울 때 물을 마시는 것은 캡사이신을 입안 전체로 퍼뜨리는 행위라고 할 수 있습니다.

그렇다면 매운맛을 없애려면 무엇을 먹어야 할까요? 캡사이신은 소수성을 띠므로 캡사이신과 결합하거나 TRPV1 단백질 수용체에 결합함으로써 그 자리에 붙어 있던 캡사이신을 녹여서 떼어낼 수 있도록, 탄소-수소 사슬로 이루어진 소수성을 지닌 분자로 구성된 음식을 먹는 것이 좋습니다. 우유나 요구르트, 아이스크림, 치즈

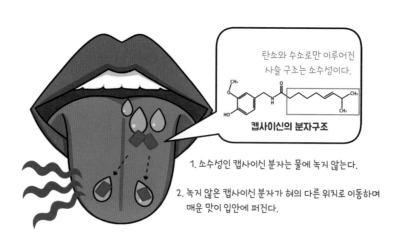

탄소와 수소로만 이루어진
사슬 구조는 소수성이다.

캡사이신의 분자구조

1. 소수성인 캡사이신 분자는 물에 녹지 않는다.

2. 녹지 않은 캡사이신 분자가 혀의 다른 위치로 이동하며
   매운 맛이 입안에 퍼진다.

같은 유제품이나, 버터, 기름 같은 지방 식품, 쌀밥이나 빵, 설탕, 꿀과 같은 탄수화물 식품 등이 이에 해당합니다. 이런 음식은 캡사이신과 결합하여 캡사이신을 제거함으로써 매운맛을 완화할 수 있습니다. 예를 들어, 매운 떡볶이를 먹을 때 우유나 치즈와 함께 먹으면 매운맛이 덜 느껴집니다. 참고로 탄산음료나 이온음료는 극성 물질이 주성분을 이루고 있어서 소수성인 캡사이신을 제거하는 데 별로 효과가 없습니다.

23

오래된 책은 왜
노랗게 변할까?

책은 낡을수록 종이가 너덜너덜해지고 색깔도 점점 바랩니다. 처음 구입한 새 책의 종이는 하얀색이지만 오래 보관하고 있는 책의 종이는 노란빛을 띱니다. 이렇게 오래된 책의 종이가 바래는 현상은 종이를 만드는 데 사용되는 목재 섬유의 성분과 관련이 있습니다. 목재 섬유는 셀룰로스와 리그닌, 헤미셀룰로스 등으로 구성되는데, 이 중 주제의 현상과 관련된 성분은 셀룰로스와 리그닌입니다.

셀룰로스cellulose는 탄소, 수소, 산소로 구성된 탄수화물의 일종으로, 분자들이 길게 결합해 기다란 직선 사슬 구조를 이루고 있는 물질입니다. 셀룰로스는 무색이지만 빛을 반사하는 성질이 강해서 우리 눈에는 흰색으로 보입니다. 물질이 공기 중의 산소와 결합하면 산화반응이 일어나는데, 셀룰로스는 산화반응이 일어나도 본래 색

3부 보면 볼수록 빠져드는 화학 호기심   **153**

깔이 많이 변하지 않습니다.

목재에서 셀룰로스 섬유를 결합하는 접착제 역할을 하는 리그닌 lignin은 나무를 단단하게 만들고 나무가 똑바르고 곧게 자라게 하는 물질입니다. 리그닌은 셀룰로스보다 산화반응이 훨씬 활발하게 일어나는데, 리그닌과 산소가 결합해 산화리그닌이 되면 분자구조가 변합니다. 산화리그닌은 리그닌과 다른 파장의 빛을 흡수하고 반사하며, 황갈색 또는 어두운 갈색으로 변화합니다. 또한 리그닌은 산소뿐 아니라 햇빛에 노출되어도 분자구조가 변하는데, 이때 색깔 역시 황갈색으로 변합니다. 즉 오래된 책의 종이가 노랗게 변하는 첫째 이유는 종이의 구성 성분인 리그닌이 빛과 산소에 노출되면 황갈색으로 변하기 때문입니다.

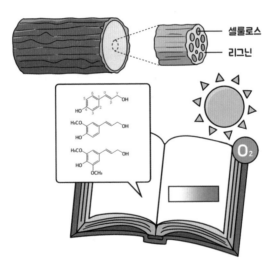

리그닌이 빛과 산소에 노출되면 황갈색으로 변한다.

신문지나 갱지같이 리그닌이 많이 포함된 종이는 전체적으로 진한 갈색을 띠며, 종이가 바래는 속도도 빠릅니다. 그래서 A4 용지 같은 하얀 사무용지를 만들 때는 리그닌을 분리해 제거하는 표백 과정을 거칩니다. 물론 앞서 설명했듯 리그닌은 종이 섬유인 셀룰로스가 잘 결합하게 하는 접착제 역할을 하므로, 리그닌이 제거될수록 종이의 강도는 약해집니다. 그래서 물건을 담는 용도의 종이 상자나 종이 가방 따위를 만들 때는 리그닌이 많이 포함된 튼튼한 갈색 종이를 이용합니다.

종이를 만들 때 첨가하는 물질 역시 오래된 책이 노랗게 변하는 원인이 됩니다. 종이의 원료인 펄프 섬유는 작은 구멍이 많은 다공질 구조를 지니고 있어서 수분을 잘 흡수합니다. 그래서 펄프 섬유에 아무런 가공을 거치지 않고 그대로 종이로 만들면 잉크가 지나치게 잘 번지는 종이가 되어 사용에 적합하지 않습니다. 이를 해결하기 위해 종이를 만들 땐 펄프에 백반(명반)과 같은 산성 충전물을 넣는데, 산성 성분 물질은 따뜻한 온도와 습기에 노출되면 분해되어 노랗게 변색되는 특징을 가지고 있습니다. 즉 종이에 남아 있는 산성 약품은 종이가 공기와 자외선에 닿으면 종이를 쉽게 바래게 합니다.

참고로 산성 성분은 종이를 구성하는 셀룰로스를 분해해서 종이의 강도를 점점 약하게 만듭니다. 그래서 산성 성분 물질을 첨가해 만든 종이는 시간이 지나면 잘 부스러집니다. 반면 우리나라의 한지는 산성 약품 대신 양잿물 같은 염기성 약품을 사용하므로 시간이 오래 지나도 노랗게 변색되지 않고, 보존 기간이 매우 깁니다. 산성 약품 대신 탄산칼슘 등을 첨가하여 산성 성분을 제거한 중성지역시 마찬가지입니다.

종이가 노랗게 변하는 현상을 막으려면 책을 보관할 때 공기 중에 있는 산소와의 접촉을 최소로 하며, 직사광선이나 자외선을 피하고 적정한 습도로 조절하여 보관하는 것이 좋습니다. 또한 책을 만들 때 산성지 대신 중성지를 사용한다면 책이 누렇게 변하는 것을 최소화하고 오래 보존할 수 있습니다.

24

범행 현장에서 눈에 보이지 않는
혈흔을 찾는 원리가 뭘까?

수사물에는 형사들이 아무것도 보이지 않던 현장에 어떤 액체를 뿌린 뒤 푸른색으로 빛나는 부위에서 혈흔을 찾아내는 장면이 자주 등장합니다. 이 액체의 정체는 루미놀 시약으로, 화학물질인 **루미놀**luminol을 염기성 용액에 녹이고 과산화수소 같은 산화제를 넣어서 제조합니다. 실제로 루미놀 시약 용액이 혈흔과 만나면 혈액의 농도에 따라 몇 초에서 몇 분 동안 밝은 파란빛을 냅니다. 무슨 원리일까요?

루미놀은 다음 장의 그림처럼 육각형 모양 고리 두 개에, 질소 원자 세 개와 산소 두 개가 결합해 있는 구조입니다. 루미놀을 염기성 용액에 녹이면 질소(N) 옆에 결합하고 있던 수소(H)가 분리되는데, 여기에 과산화수소를 넣으면 산소(O)가 결합하고 질소가 분리

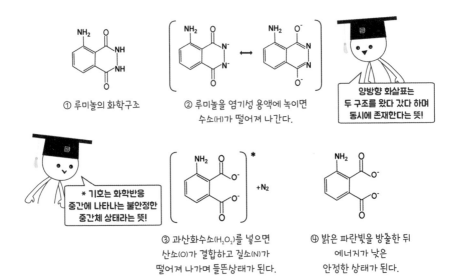

① 루미놀의 화학구조

② 루미놀을 염기성 용액에 녹이면 수소(H)가 떨어져 나간다.

양방향 화살표는 두 구조를 왔다 갔다 하며 동시에 존재한다는 뜻!

* 기호는 화학반응 중간에 나타나는 불안정한 중간체 상태라는 뜻!

③ 과산화수소(H_2O_2)를 넣으면 산소(O)가 결합하고 질소(N)가 떨어져 나가며 들뜬상태가 된다.

④ 밝은 파란빛을 방출한 뒤 에너지가 낮은 안정한 상태가 된다.

되면서 에너지가 높은 불안정한 상태가 됩니다. 이런 상태를 **들뜬상태**excited state라고 부릅니다. 들뜬 상태의 화합물은 에너지를 방출하고 다시 에너지가 낮은 안정한 상태로 변하는데, 이 상태를 **바닥상태**ground state라고 합니다. 이때 루미놀 용액에서 방출하는 에너지에 해당하는 것이 바로 밝은 파란빛이며, 루미놀이 화학반응에 의해 파란 형광빛을 내는 현상을 루미놀반응, 또는 형광 반응이라고 합니다. 정리하자면 루미놀 시약에 수소가 분리되고 산소와 결합하는 산화oxidation 반응이 일어나면 푸른 형광빛이 방출되는 루미놀반응이 발생합니다.

그런데 염기성 용액과 과산화수소만으로 발생하는 루미놀반응은 화학반응 속도가 빠르지 않아서 파란빛이 잘 보이지 않습니다. 이때

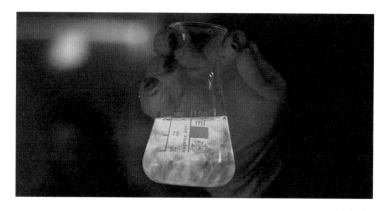

루미놀반응
©Adam Kozak

철이나 구리가 포함된 화합물을 넣어 주면 화학반응 속도가 급격하게 빨라지면서 파란 형광빛이 훨씬 또렷하게 보이게 됩니다. 이 과정에서 철이나 구리는 화학반응에 직접 참여하지는 않는데, 이처럼 자신은 소모되거나 변하지 않으면서 반응 속도를 빠르게 하는 물질을 **촉매**catalyst라고 합니다.

혈흔을 찾는 데에 루미놀 용액이 사용되는 것도 같은 맥락에서 설명할 수 있습니다. 혈액 속 적혈구 한 개는 붉은색을 띠는 단백질인 헤모글로빈hemoglobin 약 2억 8000만 개를 포함하고 있습니다. 헤모글로빈은 붉은 색소인 헴heme 네 개와 글로빈 단백질 네 개가 결합한 구조이고, 헴에는 철 성분이 들어 있습니다. 이 철 성분이 루미놀반응의 촉매로 작용하며, 화학반응 속도를 급격하게 빨라지게 합니다. 반응속도가 빨라지면 산화되는 루미놀 분자 역시 많아져서 파란빛이 눈에 보일 정도로 강하게 방출되고, 혈흔의 위치를 파악

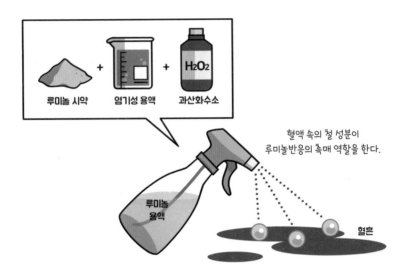

루미놀 시약 + 염기성 용액 + 과산화수소

혈액 속의 철 성분이
루미놀반응의 촉매 역할을 한다.

루미놀
용액

혈흔

하는 것이 가능하게 됩니다.

　놀라운 사실은, 범인이 증거인멸을 위해 혈흔을 모두 깨끗하게 청소한 장소는 물론, 피를 닦은 뒤 세탁기로 여러 번 빤 수건에서도 루미놀반응이 발생한다는 사실입니다. 지워져서 육안으로는 보이지 않던 혈흔을 찾을 수 있는 이유는 혈액의 액체 성분인 혈장blood plasma을 이루는 단백질의 점성이 매우 높기 때문입니다. 끈적한 혈장단백질과, 단백질에 엉겨 붙은 적혈구를 완벽하게 제거하기 어려우므로 아무리 청소를 열심히 해도 혈흔은 완벽하게 지워지지 않습니다.

　또한 루미놀 시약은 반응의 민감도가 매우 높아서 혈액을 만 배에서 2만 배 이상 묽게 희석해도 화학발광반응이 나타납니다. 이렇게 육안으로 보이지 않을 정도로 매우 묽은 농도의 혈액이 아주 적은 양만 존재해도 루미놀반응이 나타나므로 혈흔의 위치를 파악해 혈흔을 검출하는 것이 가능합니다.

　루미놀반응으로 검출된 혈흔은 범죄 현장에서 매우 중요한 단서가 됩니다. DNA 분석을 통해 범인에 대한 주요 정보를 파악할 수도 있고, 혈흔 형태를 알아내면 범행 당시의 상황을 구체적으로 추정할 수 있습니다.

4부

알아 두면 쓸데 있는
지구과학 호기심

25

숨을 많이 쉬면
지구의 산소가 부족해지지 않을까?

우리는 무의식적으로 숨을 쉬므로 잘 의식하지 못하지만, 수십억 명인 인류뿐 아니라 그보다 훨씬 많은 동물과 식물이 매일 지구의 산소를 소비하고 있습니다. 이렇게 많은 생물이 오랜 세월 동안 산소를 소비하면 조만간 지구에 산소가 부족해지지 않을까요?

식물이 낮에 햇빛을 받아 이산화탄소와 물을 이용해 광합성을 하면 영양분과 함께 산소가 만들어집니다. 그래서 지구 전체 산소의 20% 이상을 생산한다고 알려진 아마존 열대우림을 '지구의 허파'라 부릅니다. 하지만 콜로라도주립대학교 대기과학과의 스콧 데닝Scott Denning 교수에 따르면 아마존 열대우림에서 만들어진 산소는 대부분 아마존 내 생물들이 소비하므로 지구 반대편의 우리가 아마존의 산소를 호흡에 사용하는 일은 사실상 없다고 합니다. 식물들이 광합성으로 산소를 만들어 내는 것은 맞지만, 식물 역시 숨을 쉬는 데 산소를 사용하므로 땅 위의 식물들이 생산하는 산소만으로는 지구의 모든 생물이 숨 쉬는 데 충분하지 않은 것입니다.

그렇다면 우리가 호흡에 이용하고 있는 산소는 어디에서 왔을까요? 약 27억 년 전에 바닷속에 출현한 남세균^{藍細菌, Cyanobacteria}의 광합성에 의해 산소가 만들어졌고, 미미하지만 조금씩 대기에 산소가 축적되어 현재 대기 중 21%를 차지하고 있습니다. 현재도 지구에 필요한 산소의 절반 이상을 만드는 것은 바다의 식물성플랑크톤이며, 그중에서도 규조류가 대부분을 차지합니다. 규조류는 현미경으로 봐야 할 만큼 크기가 작지만, 우주에서도 군체가 관찰될 정도로 그 수가 엄청나게 많습니다. 이들이 광합성을 통해 엄청난 양의 산소를 만들어 내므로 공기 중에는 수백만 년 동안 쓰기에 충분한 산소가 있습니다. 따라서 지구의 생물들이 아무리 산소를 마셔도 산

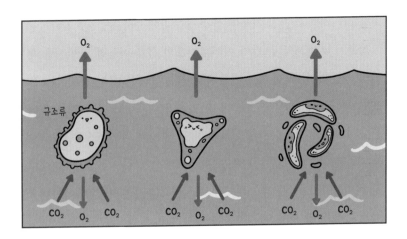

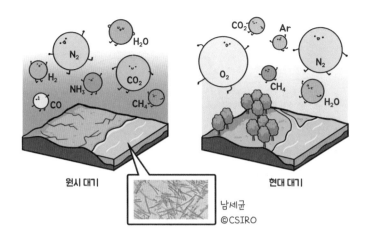

원시 대기

현대 대기

남세균
©CSIRO

소가 부족해질 일은 없습니다.

그런데 2021년 일본 도호대와 미국 조지아공대 연구 팀은 지금처럼 산소가 풍부한 대기는 향후 10억 년 동안 지속될 것이며, 이후에는 급속한 대규모 탈산소화the great deoxygenation가 진행될 것이라고 발표했습니다. 약 25억 년 전 지구에는 대기 중 산소가 급격히 증가한

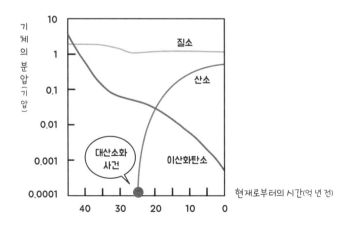

대산소화 사건the Great Oxidation Event이 있었는데, 10억 년 후에는 대산
소화 사건 이전의 산소 농도 1% 미만인 대기 상태로 되돌아갈 것이
라는 전망입니다.

그 주범으로 지목된 것이 바로 태양입니다. 시간이 지나 태양의 크
기가 커지면 더 많은 에너지가 우주로 방출될 것이고, 이로 인해 지
구 온도가 높아지면 물의 순환이 빨라져 이산화탄소가 물에 녹지 않
는 탄산염 형태로 고정되며 광합성을 할 재료가 없어질 것입니다. 또
한 온도가 변화하면 식물의 성장도 어려워져서 식물이 생산하는 산
소도 줄어들게 됩니다. 이렇게 대기 중 산소량이 급감하면 호흡을
하는 모든 생명체가 사라지게 된다는 결론에 이르게 됩니다. 물론
매우 먼 미래의 일이라 미리 걱정할 필요는 없습니다.

문제는 10억 년 후로 전망한 일이 100년 안에 일어날 수도 있다는 점입니다. 화석연료의 사용이 늘어나면서 이산화탄소와 온실가스의 양이 증가하여 지구의 평균기온이 상승하고 있고, 이로 인해 바닷속에 녹아 있던 이산화탄소도 공기 중으로 방출되고 있습니다. 온도에 민감한 바닷속 플랑크톤의 개체수도 급속히 감소하고 있고, 숲이 파괴되면서 식물의 수가 줄어들어 산소의 생산량도 줄고 있습니다. 또한 나무 내부 온도가 상승하여 자연발화라고 하는 산불과 같은 화재가 발생하여 또다시 식물이 줄고, 대신 이산화탄소가 늘어 지구온난화가 가속화되는 무한 사이클이 돌고 있습니다. 환경보호에 목소리를 내는 이유도 이러한 이유입니다. 인류의 멸종을 우리 스스로 초래하지 않도록 지구의 보존에 힘써야겠습니다.

26

강은 왜

윗면부터 얼까?

　겨울이 되면 얼어붙은 강이나 호수에서 썰매나 스케이트를 탈 수 있습니다. 그리고 강의 아랫면은 얼지 않아서 얼음을 깨고 얼음낚시를 할 수도 있습니다. 여기서 주제의 의문이 생깁니다. 왜 강은 아랫면부터 얼지 않고 윗면부터 어는 걸까요?

　이 현상을 이해하기 위해서는 **밀도**라고 하는 물질의 특성에 대해 알아야 합니다. 물질의 특성이란 물질을 구별할 수 있는, 즉 그 물질만이 가지고 있는 고유한 특성을 말합니다. 질량과 부피는 물질의 고유한 특성이 아니지만, 질량을 부피로 나누어 정의하는 밀도는 물질마다 다른 고유한 값을 가집니다.

　일반적인 물질은 온도가 낮아지면 분자의 운동이 느려지고 분자 사이의 인력이 커져 부피가 줄어듭니다. 질량이 일정할 때 부피가 작아지면 밀도가 커지므로 대다수 물질은 온도가 낮아지면 밀도가 커집니다. 또한 고체가 녹으면 분자 사이의 거리가 멀어져 부피가 커지므로 물질 대부분은 액체 상태일 때보다 고체 상태일 때 밀도가 큽니다.

물도 4℃까지는 온도가 낮아질수록 밀도가 커집니다. 하지만 온도가 4℃보다 낮아지면 오히려 부피가 증가해서 밀도가 작아집니다.

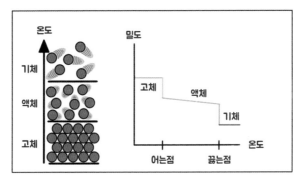

일반적인 물질은 온도가 높아질수록 밀도가 작아진다.

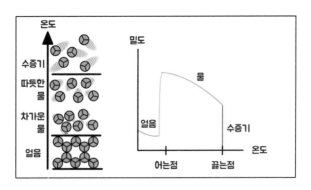

물은 고체(얼음)의 밀도가 작다.

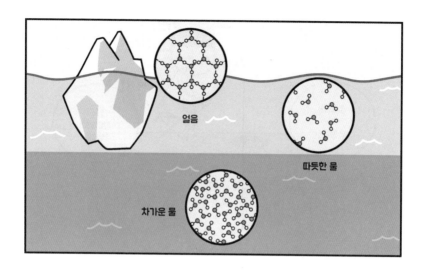

이는 물이 얼음이 될 때 빈 공간이 많은 독특한 구조를 이루게 되면서 액체 상태의 물보다 부피가 늘어나기 때문입니다. 그래서 물이든 페트병을 냉동실에 얼리면 부피가 증가하면서 페트병 바닥이 불룩해지고 입구 위쪽으로도 얼음이 튀어나오게 됩니다. 이처럼 물은 4℃에서 1g/㎤로 가장 큰 밀도 값을 가지고, 그보다 낮은 온도에서는 오히려 밀도가 작아지는 독특한 현상을 보입니다.

밀도가 큰 물질은 밀도가 작은 물질 아래로 가라앉고 밀도가 작은 물질은 위로 뜹니다. 물에 돌을 넣으면 가라앉지만 스티로폼 조각은 뜨는 이유가 밀도 차이로 인한 현상입니다. 마찬가지로 강 표면의 물이 겨울철 찬 공기에 열을 빼앗기면 밀도가 커져 바닥으로 가라앉게 되고, 그보다 온도가 높은 물은 표면으로 밀려 올라갑니다. 그러면 표면의 물이 또다시 열을 빼앗겨 다시 아래로 내려가는

순환이 반복되면서 강의 온도가 점차 낮아집니다. 이 순환은 강물의 전체 온도가 4℃가 될 때까지 반복되며, 4℃가 된 이후에는 위아래의 물이 섞이지 않습니다. 여기에서 온도가 계속해서 떨어지면 더 이상의 대류가 일어나지 않으므로 위쪽 물이 0℃ 이하로 떨어지고, 강의 표면부터 얼기 시작합니다. 이때 얼음은 물보다 밀도가 작으므로 물 위에 떠 있는 상태로 점점 더 두껍게 업니다. 참고로 표면에 얼음이 생기면 차가운 바깥 공기와 물 사이의 열 이동을 차단하는 단열 효과가 생기므로 강이 밑바닥까지 어는 경우는 거의 없습니다. 그러니 물이 얼어붙어서 강의 물고기가 다 죽지는 않을까 하는 걱정은 하지 않아도 괜찮습니다.

얼음의 밀도가 물보다 커진다면?

만약 얼음의 밀도가 물보다 크다면 얼음은 얼면서 물속으로 가라앉게 됩니다. 그럼 강은 바닥부터 표면까지 모두 얼어서 매 겨울마다 물속 생물들이 얼어 죽게 되고, 빙하가 모두 물에 잠겨 북극곰이나 펭귄도 삶의 터전을 잃게 됩니다. 또한 겨울마다 해수면이 상승해 섬나라나 저지대는 봄이 올 때까지 바다에 잠기게 되고, 햇빛이 아래쪽 얼음까지 녹이는 데에 걸리는 시간도 늘어날 테니 봄도 한참이나 늦게 올 것입니다. 물이 다른 물질과 달리 고체가 되면서 부피가 커지는 게 얼마나 다행인지 모르겠습니다.

27

구름의 모양은
왜 다양할까?

하늘에 떠 있는 구름 중 모양이 같은 구름은 사실상 없고, 시간이 지나면서 그 크기와 모양이 변하기도 합니다. 구름의 모양은 왜 이렇게 다양한 걸까요?

주제의 질문에 답하려면 구름의 형성 원리를 알아야 합니다. 먼저 바다, 호수, 강 등 지구 표면에서의 증발이나 식물의 증산 과정 등을 통해 대기로 수증기가 공급됩니다. 수증기를 포함한 공기덩어리는 지표면이 가열되거나, 온도가 다른 공기를 만나거나, 고도가 높은 산을 만나면 강제로 상승합니다. 고도가 높아지면 주변 기압이 낮아지므로 공기덩어리는 상승할수록 점차 그 부피가 커지는데, 이때 팽창에 필요한 열은 공기덩어리 내부 에너지에서 공급됩니다. 이로 인해 부피가 커질수록 공기덩어리 내부 온도는 점점 낮아집니다.

이처럼 외부 열의 출입 없이 물체의 부피가 변하는 현상을 **단열팽창**
이라 합니다.

이때 공기 중에 포함할 수 있는 수증기의 양은 온도가 낮아질수
록 감소합니다. 공기 중에 수증기가 최대로 포함된 상태를 **포화상태**
라고 하는데, 온도가 낮아지면 수증기가 액체인 물로 바뀌는 응결
condensation이 일어납니다. 이때의 온도를 **이슬점**이라고 하며, 상승하
는 공기덩어리의 내부 온도가 이슬점에 도달하면 응결이 일어나 구
름이 만들어집니다. 이때 응결이 일어나기 시작하는 높이를 **응결고
도**라고 하고, 응결고도에서부터 구름이 생기기 시작하므로 구름의
아래쪽은 대체로 평평합니다.

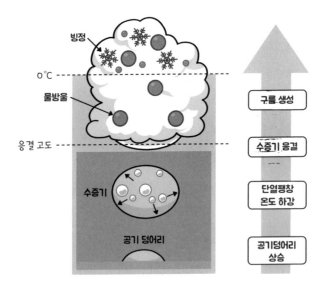

구름이 만들어지는 과정

이렇게 만들어진 구름은 모양에 따라 크게 두 가지로 구분됩니다. 이 중 **적운형 구름**은 대기가 불안정해 공기가 강하게 상승하면서 위아래로 두꺼운 모양으로 형성됩니다. 반면 대기가 안정해서 공기가 약하게 상승하면 옆으로 퍼진 모양의 **층운형 구름**이 생깁니다. 또한 생성된 높이에 따라서도 구름을 구분할 수 있는데, 6km 이상의 고도에서 생기면 **상층운**, 2km에서 6km 고도에 생기면 **중층운**, 2km 이하에서 생기면 **하층운**, 수직으로 생기면 **난운**이라고 부릅니다.

구름의 모양과 높이를 알면 날씨를 예측할 수도 있습니다. 가령 구름이 얇고 끝이 말려 있는 모습이라 이름에 '둥글게 말다'라는 의미의 '권卷'이 들어가 있는 상층운은 주로 얼음 알갱이로 이루어져 있어서 비를 잘 내리지 않습니다. 상층운 중 권층운에서는 해와 달 주변에 동그랗게 생기는 무지개색 띠, 즉 해무리와 달무리를 관측

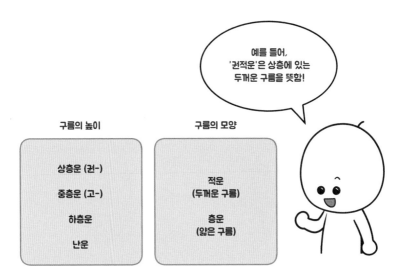

할 수 있는데, 이는 권층운의 얼음 알갱이에 햇빛이 굴절되면서 생기는 현상입니다.

물방울과 얼음 알갱이가 혼합되어 있는 중층운은 이름에 '높다'라는 의미의 '고高'가 들어가 있습니다. 중층운 중 하늘 전체를 덮는 엷은 회색 구름을 고층운이라고 하는데, 우리가 "날씨가 흐리다"라고 말할 때가 바로 고층운이 하늘을 덮고 있어 해가 안 보일 때입니다. 중층운 중 고적운은 뽀글뽀글한 모양의 구름 덩어리로, '양떼구름'이라고도 불립니다. 고적운은 대부분 물방울로 구성되어 있지만 비는 거의 내리지 않습니다.

흰색 솜사탕이나 솜뭉치처럼 보이는 층적운은 하층운에 속합니다. 층적운은 가끔 그늘이 질 정도로 두껍게 형성되지만 비를 내리지는 않습니다. 반면 하층운 중 하늘 전체를 시커멓게 덮는 난층운에서는 비나 눈, 진눈깨비 등이 내립니다.

여름철에 많이 볼 수 있는 구름인 적란운은 적운이 발달해서 생기며, 지표면에서부터 하늘 높게 솟아올라 구름 꼭대기가 높이 10km에 이를 때도 있습니다. 적란운은 대기가 매우 불안정해 공기가 아주 강하게 상승할 때 생기므로 천둥번개와 폭우, 소나기를 동반합니다. 미국이나 중국의 평야에서는 간혹 적란운에서 토네이도가 생길 때도 있습니다.

28

마른하늘에 날벼락은
정말 보기 힘들까?

    뜨거운 오후에 높고 짙은 뭉게구름이 생기면 하늘이 시커메지면서 이내 천둥번개를 동반한 소나기가 내립니다. 맑은 하늘에 벼락 치는 경우는 보기 힘듭니다. 그래서 일어날 가능성이 희박한 불행이 갑자기 일어났을 때 "마른하늘에 날벼락"이라는 속담을 사용하기도 합니다. 그런데 마른하늘에 날벼락은 정말 희귀할까요?

    벼락은 땅으로 떨어지는 번개를 일컫습니다. 번개란 대기의 불안정이 심해질 때, 온난 다습한 공기가 강하게 상승해서 만들어진 성숙 단계의 뇌운에서 발생하는 거대한 섬광입니다. 구름이 어떻게 전하를 형성하고 번개가 생성되는지에 대해서는 여전히 논쟁이 있지만, E. J. 워크맨E. J. Workman과 S. E. 레이놀즈S. E. Reynolds가 1948년에 진행한 실험에 따르면 뇌운에서 전하 영역이 생성되기 위해서는 구름에 수증기의 승화로 성장한 얼음 입자인 싸락눈graupel이 포함되어 있어야 합니다.

구름 속 싸락눈은 강한 상승기류에 의해 상승했다가 아래로 하강하는데, 낙하하던 싸락눈이 올라오던 얼음 입자와 충돌하면 더 작은 입자로 쪼개져 튕겨 나가며 전하가 분리됩니다. 이로 인해 전하가 분리된 번개 구름, 즉 뇌운이 형성됩니다. 이때 상대적으로 가벼운 얼음 입자는 양전하를 띤 채 뇌운의 위쪽에, 무거운 싸락눈은 음전하를 띤 채 뇌운의 아래쪽에 모이며 구름 내의 전하 영역이 분리됩니다. 참고로 대다수 뇌운에서 가장 큰 두 개 전하 영역은 이처럼 뇌운의 하부에서 음전하를 운반하는 싸락눈과 뇌운 상부에서 양전하를 운반하는 얼음 입자에 의해 발생하지만, 낮은 고도에 형성된 뇌운의 경우 간혹 양전하 영역이 음전하 영역 아래에 있기도 합니다.

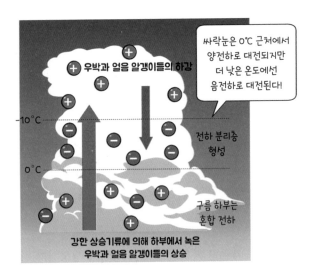

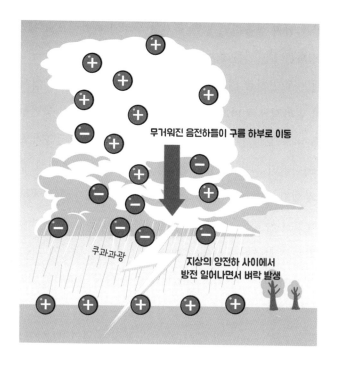

무거워진 음전하들이 구름 하부로 이동

쿠과과광

지상의 양전하 사이에서
방전 일어나면서 벼락 발생

어쨌든 가벼운 얼음 입자가 뇌운의 위쪽에, 무거운 싸락눈이 뇌운의 아래쪽에 모이면 뇌운의 하부가 음전하로 대전됩니다. 그러면 정전기 유도 현상에 의해 뇌운 하부의 지표면은 양전하로 대전됩니다. 기본적으로 공기는 구름의 양전하와 음전하 사이, 구름과 땅 사이에서 절연체 역할을 하고 있지만, 전하가 축적되어 공기의 절연 용량보다 많아지면 급속한 전기 방전, 즉 번개가 발생합니다. 이때 번개의 90% 이상은 구름 내에서 발생하며, 일부는 전자가 많은 구름에서 지표면 방향으로 떨어지면서 전자를 땅으로 이동시킵니다. 이것을 벼락 또는 낙뢰라고 합니다. 번개가 발생해 갑자기 온도가 약 3만 ℃까지 상승하면 주위 공기의 부피가 폭발적으로 팽창하면서 충격파를 일으키는데, 이것이 바로 큰 소리가 나는 천둥입니다.

번개는 주로 강한 비를 동반하는 두꺼운 구름인 적란운에서 발생하므로 일반적으로 번개가 치는 동안에는 비와 천둥이 동반됩니다. 그런데 비는 오지 않으면서 번개만 치는 현상이 발생하기도 합니다. 우리나라의 경우 한여름 대기가 불안정한 날 성층권에 닿을 만큼 높게 발달한 적란운 내에서 번개가 치면, 거리가 먼 곳에서는 천둥은 들리지 않고 구름 속의 번개만 관측되기도 합니다. 미국의 경우 따뜻하고 건조한 서부에서 비가 내리지 않고 번개가 치는 일명 '마른 뇌우dry thunderstorm'가 관측됩니다. 기상학자 크레이그 클레먼츠Craig Clements에 따르면 일반적인 구름보다 고도가 높은 구름에서 비가 내리면 서부의 건조한 공기 탓에 비가 땅에 떨어지기 전에 증발

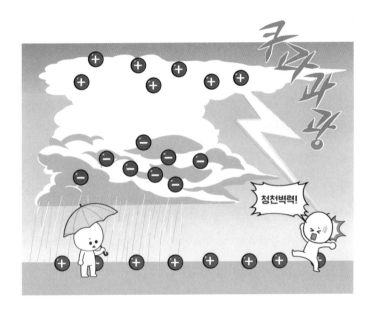

하기 때문에 이런 현상이 발생한다고 합니다.

또한 '청천벽력bolt from the blue'이라고 부르는 낙뢰도 있습니다. 이는 뇌운의 측면에서 나와 구름과 멀리 떨어진 맑은 하늘이 있는 곳까지 이동한 다음 아래로 기울어져 땅에 떨어지는 벼락입니다. 이 현상은 구름 상단에 양전하가 너무 많을 때 균형을 위해 방전이 필요한 경우 발생합니다. 양전하가 이동하는 경우 더 많은 힘을 전달할 수 있으며 먼 거리까지 도달할 수 있습니다. 청천벽력은 미국 전역에서 발생하지만 예고 없이 발생하므로 가장 위험한 유형의 벼락 중 하나입니다.

우리나라에선 벼락이 10년간 평균 약 11만 8000회 관측될 만큼 많이 관측됩니다. 벼락이 가장 많이 발생하는 달은 8월로 연간 낙뢰의 약 43%가 이때 관측되며, 연간 낙뢰의 약 73%가 여름(6~8월)에 집중됩니다. 이 중 마른하늘에 날벼락이 친 날은 11일 정도로, 전체 벼락의 6% 정도가 마른하늘에 날벼락이라고 할 수 있습니다.

29

지진은
왜 일어날까?

지진이란 지구 내부에 급격한 변동이 생겨 그 충격으로 발생한 파동, 즉 지진파Seismic wave가 지표면까지 전해져 지반이 흔들리는 현상을 말합니다. 우리가 사는 땅은 단단한 고체이며 고정된 듯 보이는데, 왜 지진이 발생하는 걸까요?

지구의 가장 겉 부분인 지각과 그 밑 맨틀 상부는 단단한 암석으로 구성되어 있습니다. 깊이 약 100km인 이 암석권lithosphere을 **판**plate이라고 하고, 그보다 더 아래로 내려가면 고체이지만 부분적으로 용융되어 유동성이 있는 하부 맨틀인 연약권asthenosphere이 존재합니다. 여기서 더 깊이 들어가면 열과 압력에 의해 액체 상태로 존재하는 외핵이 있고, 가장 중심부에는 기온이 약 6000℃에 이르지만 고체인 내핵이 있습니다.

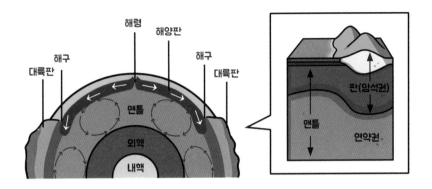

맨틀은 지구 내부에서 수백만 년 동안 열과 압력을 받아 변형되어 천천히 이동하고 있습니다. 온도가 상승하며 밀도가 작아진 부분은 상승하여 옆으로 밀려 나가고, 식으며 밀도가 커진 부분은 다시 지구 내부로 하강합니다. 이런 맨틀의 대류에 의해 맨틀 위에 놓인 판들은 서로 다른 속도와 방향으로 천천히 움직이고 있습니다. 참고로 과거에는 맨틀의 대류운동으로만 판이 움직인다고 생각했지만, 최근에는 차갑게 식어 밀도가 커진 해양판이 섭입대subduction zone에서 섭입하면서 해양판을 잡아당기는 힘이 판을 움직이는 가장 큰 원동력으로 보고 있습니다. 더불어 중앙해령에서 상승하는 맨틀이 해양판을 밀어내는 힘과, 섭입하는 해양판이 섭입대 주변의 대륙판을 끌어당기는 힘도 판을 움직이게 하는 주요 원동력입니다.

움직이는 판들은 서로 충돌하거나 멀어지거나 어긋나기도 합니다. 이때 판에 지속해서 힘이 가해지면 암반에 변형이 생기고 에너지가 축적됩니다. 그 힘을 견디지 못하고 판이 탄성한계를 넘어서면 약한 부분이 파괴되는데, 이를 **단층**斷層이라고 하고, 끊어진 단층

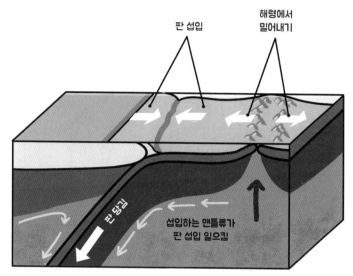

판 섭입　　해령에서 밀어내기

섭입하는 맨틀류가 판 섭입 일으킴

판의 이동으로 생기는 경계

면을 중심으로 양쪽의 지층이 어긋나 이동하면 땅이 흔들리는 지진이 발생합니다.

이때 각 판 경계는 양쪽 판의 움직임이 달라 힘이 집중되므로 많은 단층이 생기게 됩니다. 미국지질조사국USGS에 따르면 지진이 발생한 지역과 판 경계는 거의 일치하며, 전 세계 지진의 약 90%는 환태평양지진대Pacific Ring of Fire라는 태평양을 둘러싼 가장자리에서 발생한다고 합니다. 태평양판은 크고 작은 판으로 둘러싸여 있고, 이 판들이 이동하는 방향과 속도, 밀도 등이 서로 달라 그 경계에서 지진이 자주 발생합니다. 그 외에도 화산활동에 의해, 땅이 꺼져 내려앉을 때, 인공적으로 폭탄을 터뜨렸을 때, 댐을 지어서 물이 차올라 주변 지층을 누를 때, 드물게 지하수에 의한 침식 등에 의해서 지진이

대다수 지진은
여러 판에 둘러싸인
환태평양지진대에서 발생!

발생하기도 합니다. 이렇듯 지진은 지구 어디서나 발생할 수 있지만 앞서 말했듯 규모가 큰 지진은 대부분 판의 경계에서 발생합니다.

판의 경계는 크게 판과 판이 부딪히는 **수렴형 경계**, 판이 멀어지고 새로운 판이 생성되는 **발산형 경계**, 판이 서로 비껴 나가는 **보존형 경계**로 구분합니다. 수렴형 경계는 또 대륙판과 해양판, 대륙판과 대륙판이 만나는 경우로 나뉩니다. 대륙판보다 밀도가 큰 해양판이 대륙판과 충돌하는 수렴형 경계에서는 대륙판 아래로 해양판이 섭입하는데, 미는 힘에 의해 지층이 끊어지면서 역단층이 발생합니다. 해양판의 섭입으로 인해 깊이 70km 이내에 발생하는 천발지진부터 300km가 넘는 깊이에서 발생하는 심발지진까지 다양하게 발생합니다. 일본 해구와 페루-칠레 해구 등이 여기에 해당합니다. 한편 인

도판과 유라시아판이 만나 생긴 히말라야산맥처럼 두 대륙판이 부딪히면 습곡 작용으로 지층이 솟아오르고 단층이 생겨 깊이 100km 이상의 지진이 발생합니다. 대서양 중앙해령이나 아프리카 열곡대처럼 판이 서로 멀어지면서 새 지각이 생성되는 발산 경계에서는 양쪽에서 끌어당기는 힘으로 인해 정단층이 생겨 천발지진이 많이 발생합니다. 미국 캘리포니아 부근의 샌앤드레이어스 단층은 판과 판이 어긋나며 이동하면서 지층이 끊어지기 때문에 크고 작은 천발지진이 자주 일어납니다.

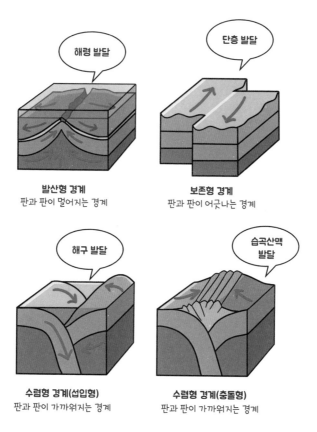

30

맨땅을 계속 파다 보면
물이 나올까?

상수도 시설이 없던 옛날에는 일명 수맥을 찾아서 땅을 파 우물을 만들어 식수를 얻었습니다. 해변에서도 모래를 파다 보면 물이 고일 때가 있는데, 맨땅을 계속 파다 보면 물이 나오는 걸까요?

주제의 질문에 답하려면 지구의 물 분포와 물의 순환을 이해해야 합니다. 지구의 물 대부분은 바닷물이고, 약 3%만이 염분기 없는 민물(담수)입니다. 담수 중에는 빙하가 68.7%로 가장 많으며, 강물이나 호숫물은 1%도 되지 않습니다. 그리고 나머지 물은 바로 땅속에 있는 지하수Ground water인데, 땅속에는 전 세계 모든 강과 호수를 합친 것보다 많은 물이 들어 있습니다.

산, 평야, 사막 등 거의 모든 지표면 아래에 존재하는 지하수는 자연적인 물순환의 일부입니다. 바다나 육지, 식물로부터 증발한 물은

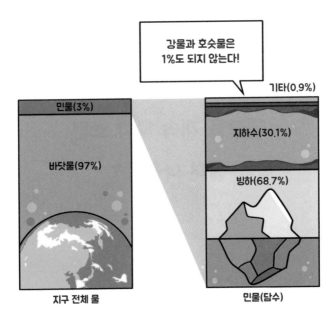

강물과 호숫물은
1%도 되지 않는다!

기타(0.9%)

민물(3%)

지하수(30.1%)

바닷물(97%)

빙하(68.7%)

지구 전체 물

민물(담수)

응결해 비가 되는데, 대부분은 강물로 흘러서 다시 바다로 이동하고, 일부는 지표면의 빈틈으로 천천히 스며듭니다. 이 물은 땅속 지층이나 암석 사이의 빈틈을 채우며 매우 느리게 흐르면서 지하수를 형성합니다. 지하수는 강처럼 일정한 경로가 존재하지 않으며, 지층의 빈틈을 따라 높은 곳에서 낮은 곳으로 이동합니다. 지하수는 지표면 가까이에도, 수십 미터 아래에도 존재하는데, 지표면과 가까운 지하수는 몇 시간만 존재할 수도 있고, 깊은 지하수는 수천 년 동안 흐를 수도 있습니다.

땅을 파고 내려가다 보면 대부분의 틈이 지하수로 포화된 곳이 나오는데, 이 경계면을 **지하수면**water table이라고 부릅니다. 이때 지하수면보다 깊이 땅을 파면 중력에 의해 그 빈 공간으로 물이 흘러들

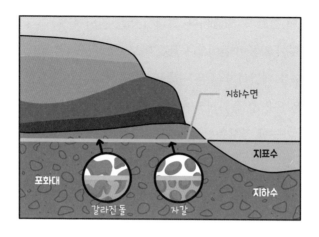

어 지하수면 높이만큼 물이 고이고, 우물이 형성됩니다. 이렇듯 우물은 지하수면 아래로 땅을 판 것이기 때문에 우물물을 뜨려면 밧줄로 양동이를 묶어 땅속 깊이 내린 뒤 물을 길어 올리거나 펌프를 사용해야 합니다. 참고로 바닷가나 호숫가, 강가는 지하수면과 지표수면이 만나 연속적으로 수면을 형성하는 곳이므로 땅 바로 아래가 지하수면이 됩니다. 그래서 땅을 조금만 파고 들어가도 지하수면에 닿게 되어 물이 고입니다. 반면 사막은 지표의 모래가 바람에 날린 뒤 단단한 기반암 위에 흐르던 지하수면이 드러나야 오아시스가 생성됩니다.

앞서 말했듯 지하수는 강물이나 호숫물보다 훨씬 많은 양이 분포하고 있으며, 빗물이 지층의 빈틈으로 스며들어 채워지므로 지속적으로 활용할 수 있습니다. 또한 지하수의 평균 유속은 1년에 3m 정도밖에 되지 않아서 지하수가 흘러 하천이나 바다로 나가기까지는 수백 년이 걸릴 수 있습니다. 그래서 어느 지역에 몇 주 동안 비가 내리지 않아 가뭄이 들어도 우물은 바로 마르지 않습니다.

지하수를 개발하기 좋은 지층을 **대수층**aquifer, 함수층이라고 합니다. 대수층은 물을 잘 통과시키면서도 충분히 보관할 수 있어 경제적으로 개발 가능한 암석층 또는 토양층을 말합니다. 가령 모래와 자갈이 쌓여 있는 암반층은 물의 이동이 자유로워서 지하수를 개발하기 적합합니다. 반면 점토로 이루어진 지층은 지하수가 많이 저장되기는 하지만 물의 이동이 매우 느려서 지하수로 쓸 수 없습니다.

일반적으로 지하수는 생활용수나 농업용수로 사용하기에 적합합니다. 지하수는 땅으로 흡수될 때 토양과 암석에서 자연적으로 여과되므로 지표수보다 잘 오염되지 않습니다. 또한 지층을 통과하면서 녹아 들어간 미네랄 성분으로 인해 생수나 음료수, 주류 등의 재

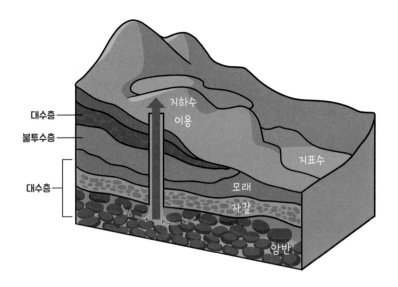

료로도 활용될 수 있고, 지하의 따뜻한 열로 인해 25℃ 이상의 온도를 지닌 지하수는 온천으로 개발해 이용할 수도 있습니다.

이렇듯 지하수를 적절하게 이용하면 지속적으로 사용할 수 있지만, 화학비료와 제초제 사용, 폐기물 매립 등으로 토양이 오염되면서 지하수의 수질이 저하되는 문제가 발생하고 있습니다. 관련해서 샌타바버라캘리포니아대학의 스콧 자세코Scott Jasechko 교수 연구 팀은 전 세계의 우물이 말라 가고 있다는 연구 결과를 발표했습니다. 그러니까 대수층에 채워지는 물의 양보다 뽑아 쓰는 물의 양이 많아지면서 지하수면이 낮아지며 고갈되고 있다는 것입니다.

지하수가 고갈되면 원상태로 회복하기 쉽지 않고, 땅속에 빈 공간이 생기면 지반이 내려앉는 싱크홀이 생길 수도 있습니다. 해안 지역의 경우 지하수면이 낮아지면 근처의 해수가 거꾸로 흘러들어 지하수가 오염되는 문제가 발생할 수 있으니 지하수 보전에 힘쓸 방법을 찾아보는 것이 중요하겠습니다.

목마른데…

31

별은 태초부터
하늘에 박혀 있었을까?

생명체가 태어나고 자라서 죽듯 항성인 별도 원시별로 태어나서 주계열성과 거성 단계를 지나 최후를 맞이합니다. 그렇다면 별은 어디에서 어떻게 만들어져 일생을 보내는 것일까요?

우주는 빈 공간처럼 보이지만, 아주 작은 밀도로 물질들이 분포하고 있습니다. 이 물질을 성간물질Interstellar Medium, ISM이라고 하고, 성간물질은 대부분 수소와 헬륨으로 구성되어 있어서 별을 만드는 재료로 사용됩니다. 그래서 별은 성간물질이 많이 밀집한 **성운**星雲, Nebula에서 탄생합니다.

그런데 모든 성운에서 별이 생기는 것은 아닙니다. 온도가 10K켈빈에서 30K 정도로 낮고 밀도가 높은 곳이 어떤 계기로 수축하기 시작해야 별이 탄생할 수 있습니다. 이런 곳은 주로 분자 상태의 수소로

성운에는 성간물질이 밀집되어 있다.
©David (Deddy) Dayag

구성되어 있는데, 초신성 폭발이나 은하끼리의 충돌 같은 강한 충격파로 인해 성운 내부에 중력이 불안정해지면 분자들이 뭉치기 시작합니다. 이때 분자들의 운동에너지가 적어서 비교적 쉽게 밀도가 높아지는데, 밀도가 충분히 높아지면 물질들은 서로의 중력에 의해 중심으로 모이며 중력수축이 일어나고, 중력수축에너지는 열에너지로 전환됩니다. 온도가 높아지면 기체의 운동이 활발해져서 압력이 높아지며, 높아진 기체 압력으로 인해 수축 속도는 느려집니다. 그리고 중력에 의해 수축하려는 힘과 가스에 의해 밀어내려고 하는 힘이 균형을 이룰 때 성운의 중심부에서 **원시별**protostar이 탄생합니다. 기체 덩어리 상태인 원시별은 주로 원반 형태를 띠고 있습니다.

이후 원시별에 성간물질이 계속 유입되고 중력수축에 의해 중심

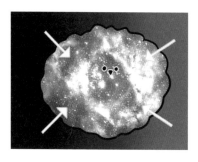

성운의 중력수축　　　　　**원반 형태의 원시별 형성**

핵 온도가 1000만 K에 도달하면, 별은 수소 원자핵 네 개가 결합하여 헬륨 원자핵 한 개가 만들어지는 수소 핵융합반응을 시작합니다. 이 과정에서 결손된 질량 0.7%가 에너지를 생성하며 빛으로 방출되고, 중심핵에서 수소 핵융합반응으로 발생하는 에너지와 외부로 방출하는 에너지가 평형을 이룰 때까지 중심부 온도는 상승합니다. 그리고 에너지가 평형에 도달한 별은 **주계열성**主系列星, main sequence 이 됩니다.

　별은 주계열성 단계에서 자기 일생의 90%를 보냅니다. 그래서 우리가 하늘에서 보는 별의 대부분은 주계열 단계에 있는 별입니다. 하지만 별의 질량이 클수록 주계열 단계에 머무르는 기간이 짧은데, 이는 질량이 크면 중심부의 온도가 높아 수소 핵융합반응이 빠르게 일어나 수소가 더 빨리 소진되기 때문입니다. 수소가 헬륨으로 전환되어 모두 소진되면 별의 중심부에서 더 이상 수소 핵융합반응이 일어나지 않으므로 중력과 평형을 이루던 내부 기체의 압력이 줄어들게 됩니다. 그러면 중력에 의해 헬륨이 별의 중심부로 가

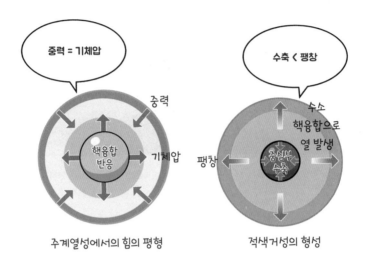

주계열성에서의 힘의 평형 　　　　　　 적색거성의 형성

라앉으면서 중심부가 수축하고, 수축 과정에서 열에너지가 발생해 별의 온도를 높입니다. 또한 중심부 바로 바깥에 있는 수소가 핵융합반응을 하면서 이 에너지로 인해 압력이 증가해 별의 바깥층을 팽창시킵니다. 팽창한 별은 표면 온도가 낮아 붉은색으로 보이는 **적색거성**赤色巨星, red giant star, 또는 초거성이 됩니다.

　태양과 질량이 비슷한 별들은 거성 단계가 지나면 핵융합반응이 일어나지 않아 중심부는 수축하고, 바깥층은 수축과 팽창을 반복하면서 물질을 밖으로 내보냅니다. 방출된 가스들은 둥글게 고리 형태를 이루는데, 이를 **행성상성운**planetary nebula이라고 합니다. 이 단계를 거치면서 중심부가 지구 크기만큼 작아지면 **백색왜성**白色矮星, white dwarf이라고 하는 매우 작고 밀도가 높은 별이 됩니다. 에너지 생성을 중단한 별은 점점 어두워져 흑색 왜성으로 죽음을 맞이합니다.

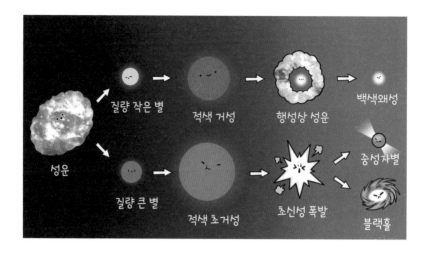

태양보다 질량이 큰 별의 경우 별 중심부에서 계속 핵융합반응이 일어나 탄소, 산소, 규소, 철 등을 만들어 냅니다. 이후 핵융합반응이 멈추면 중심부에서는 빠르게 중력수축이 일어나 수억 K의 고온 고압 상태가 되면서 불안정해집니다. 이런 상태를 견디지 못하게 되면 별은 엄청난 에너지와 함께 내부 물질을 방출하며 폭발하는데, 이를 **초신성**超新星, supernova이라고 부릅니다. 폭발 후 중심부에 중성자로 이루어진 중성자별이 남거나, 중심부 질량이 매우 크면 블랙홀이 되기도 합니다.

이렇듯 별은 성운에서 태어나서 핵융합반응을 통해 에너지와 새로운 원소를 만들면서 커졌다가 이 원소들을 다시금 우주로 방출하며 죽음을 맞습니다. 그리고 성간물질들은 다시 새로운 별이 태어날 수 있는 재료가 됩니다.

32

지구가 반대로 자전하면
어떻게 될까?

 지구가 서쪽에서 동쪽으로, 하루 약 23시간 56분을 주기로 자전하고 있기 때문에 우리는 매일 동쪽에서 뜬 해가 서쪽으로 지는 것을 보며 살아갑니다. 지구 위에 사는 우리는 그 속도를 체감하기 어려워도, 적도를 기준으로 지구는 무려 시속 1670km의 속도로 1시간에 15°씩 회전하고 있습니다.

 자전은 지구 내외로 다양한 영향을 미칩니다. 우선 위도에 따라 원심력의 차이가 발생하므로 지구는 완전한 구가 아니라 적도 부분이 살짝 부푼 타원체입니다. 또한 자전으로 인해 해수면이 주기적으로 높아졌다 낮아졌다 하는 조석 현상(밀물과 썰물)이 나타나며, 전향력Coriolis force이라는 가상의 힘이 생겨 비행기나 태풍 등 멀리 움직이는 물체의 운동 방향이 북반구에서는 오른쪽으로, 남반구에서는

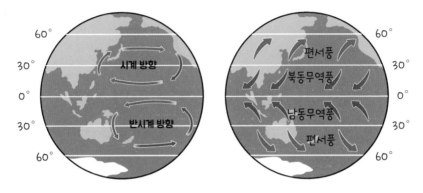

지구의 표층 순환과 대기대순환

왼쪽으로 휘어지게 됩니다. 또한 자전에 의해 지구의 대기대순환도 3개 세포를 이루며 순환하며, 이로 인해 우리가 사는 중위도에서는 편서풍이 붑니다. 또 대기와 해양은 상호 작용하므로 바람이 부는 방향으로 해류도 이동합니다.

그런데 갑자기 지구가 동쪽에서 서쪽으로, 즉 지금까지와 반대 방향으로 자전하면 어떻게 될까요? 어디까지나 추론일 뿐이지만 빠르게 달리던 버스가 갑자기 후진하면 승객들은 버스가 진행 방향을 바꾸기 전 순간 멈출 때 관성에 의해 모두 앞으로 넘어지고, 후진이 시작되면 더 앞으로 밀려가게 됩니다. 마찬가지로 지구가 갑자기 자전 방향을 바꾸면 지구 위 존재하는 것들 중 땅에 고정되지 않은 것들은 지구가 원래 자전하던 방향으로 아주 빠르게 날아가 버리게 됩니다. 건물같이 땅에 고정되어 있던 것들도 관성에 의해 앞으로 넘어질 테니 대규모 지진과 맞먹는 상황이 초래될 것입니다.

바닷물 역시 굉장히 빠른 속도로 출렁대다가 육지를 덮치는 해일로 변할 것이며, 한류와 난류가 마구 뒤섞이면 해양생물들도 살아남기 어려울 것입니다.

그렇다면 지구가 갑자기 방향을 바꾸는 것이 아니라, 태초부터 반대로 자전하고 있었다면 어떨까요? 인류는 태양이 서쪽에서 떠서 동쪽으로 지는 모습을 보면서 살았을 것이고, 전향력은 현재와 반대로 작용할 것입니다. 그래서 고기압은 반시계 방향으로 불어 나가고. 저기압은 시계 방향으로 불어 들어가게 됩니다. 또한 대기대순환에서 편서풍대였던 곳은 편동풍대가, 무역풍대는 열대 편서풍대가 됩니다. 예를 들어서 우리나라가 속한 지역은 편동풍대가 될 테니 태풍은 일본 부근에서 우리나라 쪽으로 방향을 바꾸게 될 것이고, 중국 쪽에서 불어오던 황사는 서아시아 쪽으로 날아가게 될 것입니다.

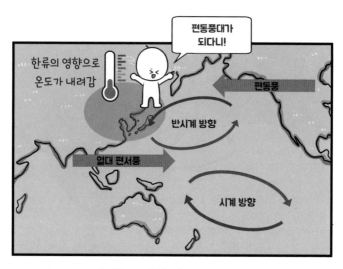

자전 방향이 처음부터 현재와 반대인 경우

　이보다 더 많이 달라지는 것은 해류에 의한 대륙의 기후변화입니다. 북반구 바다에서 시계 방향으로 회전하던 표층 해류가 반시계 방향으로 순환하면서, 난류가 흐르던 지역에 한류가 흐르게 되고 한류가 흐르던 지역에 난류가 흐르게 됩니다. 2018년 독일 막스플랑크기상 연구소Max-Planck Institut für Meteorologie가 발표한 시뮬레이션에 따르면 이러한 변화는 기온과 강수 패턴에도 많은 영향을 미친다고 합니다. 지구가 반대로 자전한다면 서부 아프리카와 서아시아까지 분포되어 있는 넓은 사막 지역은 온화하고 습한 기후가 되고, 아마존과 미국의 많은 지역이 건조해집니다. 반면 사막으로 덮인 면적은 현재보다 약 25% 줄어들고, 그 정도의 지역이 나무로 우거지게 됩니다. 또한 유럽 및 북대서양 지역은 대체로 추워지고, 러시아

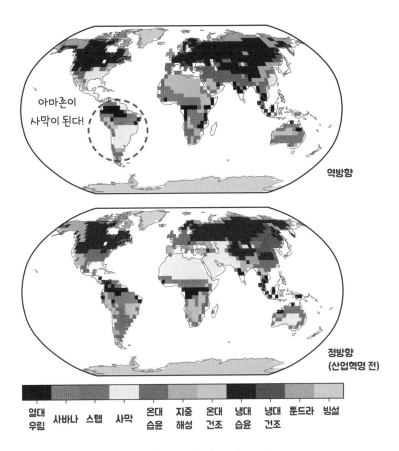

자전 방향에 따른 기후대 및 식생 분포
© Uwe Mikolajewicz et al., EGU

와 동아시아 지역은 따뜻해질 것으로 예상됩니다. 물론 자전 방향
이 바뀌었어도 위도별로 작용하는 원심력은 다르므로 지구는 여전
히 적도 부근이 살짝 부푼 타원체의 모습을 하고 있을 것이고, 조석
현상 역시 그대로입니다.

마지막으로 지구의 자전이 멈출 때는 어떻게 될까요? 지구가 현재와 같이 자전축이 기울어진 채로 계속 공전한다면 1년은 여전히 365일이겠지만 하루도 365일이 되며, 6개월은 낮이, 6개월은 밤이 됩니다. 이때 햇빛을 받는 지역은 계속 낮이 되므로 태양 복사에너지를 너무 많이 흡수해 100℃가 훨씬 넘게 가열되며, 호수와 강물이 증발해 초목이 죽어 땅이 마르게 됩니다. 반대쪽은 밤이 계속되므로 땅이 영구적으로 얼어붙으며 생명이 살기 어려워질 것입니다. 또한 대기대순환도 단순해져서 저위도에서 상승한 따뜻한 공기덩어리가 고위도까지 이동하고 고위도의 차가운 공기덩어리는 지표면을 따라 적도까지 이동하게 될 것입니다. 이외에도 편서풍, 무역풍 등도 생기지 않으며, 조석이 나타나지 않을 겁니다.

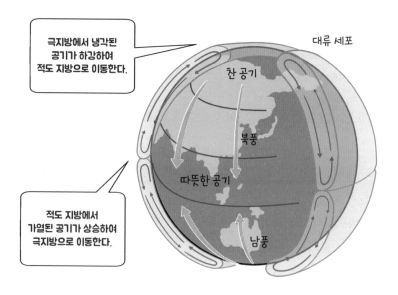

대류 세포

극지방에서 냉각된 공기가 하강하여 적도 지방으로 이동한다.

찬 공기

북풍

따뜻한 공기

적도 지방에서 가열된 공기가 상승하여 극지방으로 이동한다.

남풍

가장 큰 재앙은 지구자기장이 사라질 수 있다는 사실입니다. 외핵의 회전에 의해 생성되는 지구자기장은 우주에서 날아오는 우주 방사선을 막아 주므로, 지구자기장이 사라진 지구는 유해 자외선과 방사선에 노출되어 생명체가 살 수 없는 행성이 되어 버립니다. 또한 버지니아대학의 물리학자 루이스 블룸필드Louis Bloomfield는 지구가 자전을 멈춘다면 "원심력이 없어 바닷물이 극지방으로 이동해 극지방 쪽 해수면이 상승하게 되어 남극 대륙이나 스페인 북부 지역이 물에 잠길 것"이라고 전망했습니다. 그에 따르면 대기도 비슷한 방식으로 이동해서 극지방의 대기는 지금보다 더 두꺼워지고, 적도 대기는 더 얇아져 중위도만이 적절한 대기압을 가지게 되므로 사람이 살 수 있는 지역은 매우 좁아지게 됩니다.

참고 문헌

1부 자다가도 생각나는 생물 호기심

1 디저트 먹는 배가 정말 따로 있을까?

시라사와 다쿠지, 이송희 옮김, 『착한 호르몬 아디포넥틴으로 건강 장수하는 법』, 북플러스, 2015.

「살 빠지는 과학-식욕의 메커니즘」, 《Newton》, 아이뉴턴, 2021년 11월 호, 2021. pp.104-111.

「'노화' 교과서」, 《Newton》, 아이뉴턴, 2021년 4월 호, 2021. pp.18-77.

2 동물의 눈은 왜 다 다르게 생겼을까?

조홍섭, 「고양이는 왜 '세로 눈동자'일까?」, 《한겨레》, 2020. 6. 4., https://www.hani.co.kr/arti/animalpeople/companion_animal/947869.html.

Emma Bryce, "Why do cats have vertical pupils?," *TED*, 2022. 1. 14., https://www.ted.com/talks/emma_bryce_why_do_cats_have_vertical_pupils.

3 가만히 있는데 왜 가려울까?

방성혜, 『용포 속의 비밀, 미치도록 가렵도다』, 시대의창, 2015.

이민영, 「밤에 특히 피부 가려움증 심해지는 이유」, 《중앙일보》, 2022. 9. 27., https://jhealthmedia.joins.com/article/article_view.asp?pno=25844.

Emma Bryce, "Why do we itch?," *TED*, 2017. 4. 11., https://www.ted.com/talks/emma_bryce_why_do_we_itch.

4 사람의 피부가 지금과 다른 색이라면?

이강봉, 「투명한 나비날개 비밀을 밝혀냈다」, 《사이언스타임스》, 2021. 6. 24., https://www.sciencetimes.co.kr/news/%ED%88%AC%EB%AA%85%ED%95%9C-%EB%82%98%EB%B9%84%EB%82%A0%EA%B0%9C-%EB%B9%84%EB%B0%80%EC%9D%84-%EB%B0%9D%ED%98%80%EB%83%88%EB%8B%A4/.

Kazuhisa Miyamoto(ed), "Biological energy production," *Renewable biological systems for alternative sustainable energy production*, Osaka University, 1997. https://www.fao.org/3/w7241e/w7241e05.htm#1.2.1%20photosynthetic%20efficiency.

5 낮잠을 자면 개운해질까, 피곤해질까?

김나리, 「[알쓸건잡] 세계 수면의 날 기념, 잠에 대한 OX」, 《매경헬스》, 2022. 3. 11., http://www.mkhealth.co.kr/news/articleView.html?idxno=56832.

김보람, 「잘 때 희미한 불빛, 심장병·당뇨병 위험 높여」, 《매경헬스》, 2022. 3. 15., http://www.mkhealth.co.kr/news/articleView.html?idxno=56863.

김종명, 「[사무실 新풍속도] (6) 당당히 즐기는 낮잠… NASA의 '26분' 법칙」, 《KBS NEWS》, 2016. 3. 29., https://news.kbs.co.kr/news/view.do?ncd=3255743.

이상민, 「수면학회가 소개하는 '꿀잠' 자는 방법」, 《매경헬스》, 2022. 3. 18., http://www.mkhealth.co.kr/news/articleView.html?idxno=56935.

최서영, 「[건강 365] 30분 이내 낮잠은 집중력 향상 도와」, 《매경헬스》, 2019. 4. 12., http://www.mkhealth.co.kr/news/articleView.html?idxno=43279.

Matt Walker, "Are naps actually good for us?," *TED*, 2021. 11. 18., https://www.ted.com/talks/matt_walker_are_naps_actually_good_for_us.

6 성별을 바꾸는 생물이 있다고?

아이뉴턴 편집부, 『성을 결정하는 X와 Y-성(性)염색체와 '남녀의 사이언스'』, 아이뉴턴, 2011.

조현진, 『식물문답』, 눌와, 2021.

박수현, 「어류의 성전환」, 이미지사이언스, 네이버지식백과, https://terms.naver.com/entry.naver?docId=3571869&cid=58945&categoryId=58974.

7 사람은 동물인데 왜 털이 적을까?

이종호, 「인간은 특별한 동물(2)」, 《사이언스타임스》, 2005. 2. 21., https://www.sciencetimes.co.kr/news/%EC%9D%B8%EA%B0%84%EC%9D%80-%ED%8A%B9%EB%B3%84%ED%95%9C-%EB%8F%99%EB%AC%BC2/.

이한음, 「인간의 몸에 털이 없는 이유?」, 《사이언스타임스》, 2010. 6. 10.,https://www.sciencetimes.co.kr/news/%EC%9D%B8%EA%B0%84%EC%9D%98-%EB%AA%B8%EC%97%90-%ED%84%B8%EC%9D%B4-%EC%97%86%EB%8A%94-%EC%9D%B4%EC%9C%A0/.

8 산불이 일어나면 생태계는 어떻게 변할까?

산림청 홈페이지, https://www.forest.go.kr/.

2부 엉뚱하고 기발한 물리 호기심

9 우주에서 우주선의 연료가 떨어지면 어떻게 될까?

카이스트(KAIST) 인공위성연구소 홈페이지, https://satrec.kaist.ac.kr/.

10 물속에서 대화할 수 있을까?

"Ocean Noise," *NOAA Fisheries*, https://www.fisheries.noaa.gov/national/science-data/ocean-noise.

12 LED등은 왜 형광등보다 수명이 길까?

「전구의 불이 켜지는 원리는 무엇일까?」, 교육부 공식 블로그, 2016. 1. 22., https://if-blog.tistory.com/6122#:~:text=%ED%98%95%EA%B4%91%EB%93%B1%EC%97%90%20%EC%A0%84%EB%A5%98%EA%B0%80%20%ED%9D%90%EB%A5%B4%EA%B8%B0,%EC%9D%B4%20%EB%82%98%EC%98%A4%EA%B2%8C%20%EB%90%98%EB%8A%94%20%EA%B2%83%EC%9E%85%EB%8B%88%EB%8B%A4.

16 서핑보드를 탈 때 방향과 속도를 어떻게 조절할까?

"How To Perfect Your Paddle Technique," *Barefoot Surf*, https://tutorials.barefootsurftravel.com/articles/how-to-paddle-on-a-surfboard/.

"The Perfect Surf Stance," *Surf Strength Coach*, https://surfstrengthcoach.com/the-perfect-surf-stance-to-improve-your-surfing/.

3부 보면 볼수록 빠져드는 화학 호기심

17 이온음료에서 이온이 뭘까?

강희진, 김정원, 서성희, 김근형, 『식품라벨 꼼꼼 가이드』, 우듬지, 2012.

박정렬, 「[건강한 가족] 땀날 땐 소금물·이온음료가 좋다? 과하면 탈수·비만 부릅니다」, 《중앙일보》, 2019. 8. 12., https://www.joongang.co.kr/article/23549621#home.

이코노믹리뷰 컨텐츠기획팀, 「이온음료 알아보기 : 운동 후에 왜 이온음료 마시는 걸까?」, 《이코노믹리뷰》, 2013. 3. 20., http://www.econovill.com/news/articleView.html?idxno=67194.

"Isotonic," *Biology Online*, https://www.biologyonline.com/dictionary/isotonic.

18 린스를 하면 왜 머리카락이 계속 부드러울까?

Chin Yi Loh, "The Science Behind Hair Conditioner." *EMOTION*, 2021. 9. 9., https://www.emotion-master-studentproject.eu/post/the-science-behind-hair-conditioner.

19 달걀을 삶으면 왜 단단해질까?

김병호, 「달걀이 마술에 걸리는 시간」, 《한겨레》, 2010. 3. 30., https://www.hani.co.kr/arti/science/science_general/413284.html.

「투명한 계란 흰자에 열을 가하면 하얗게 변하는 이유」, 《한국일보》, 2012. 3. 7., http://dc.koreatimes.com/article/716200.

Sci Bytes, Why do eggs "hard-boil?," *Scitable*, Nature Education, https://www.nature.com/scitable/blog/scibytes/why_do_eggs_hardboil/.

"Proteins," *BrainKart.com*, https://www.brainkart.com/article/Proteins_41416/.

"The Incredible Edible Egg," *everydaybiochemistry*, 2012. 1. 27., https://everydaybiochemistry.wordpress.com/2012/01/27/the-incredible-edible-egg/.

20 드라이아이스를 물에 넣으면 왜 연기가 날까?

심상현, 「고체와 액체, 기체가 동시에 존재할 수 있을까? - [상과 혼합물의 분리 1]」, 한화토탈에너지스 홈페이지, 2020. 2. 26., https://www.chemi-in.com/389.

「[오늘의 호기심]드라이아이스에서 발생하는 연기는 무엇일까?」, 《중앙일보》, 2002. 1. 31., https://www.joongang.co.kr/article/1039890#home.

Anne Marie Helmenstine, "Why Dry Ice Makes Fog or Smoke Special Effects," *ThoughtCo*, 2019. 8. 18., https://www.thoughtco.com/why-dry-ice-makes-fog-606404

21 건전지는 왜 폐건전지함에 따로 버려야 할까?

「건전지」, 사이언스올, https://www.scienceall.com/%EA%B1%B4%EC%A0%84%EC%A7%80dry-cell-battery/.

「건전지 하얀 가루, 몸에 해로운가?」, 2008. 3. 14., https://www.hani.co.kr/arti/science/science_general/275834.html.

한국전력 공식블로그, https://blog.naver.com/goodmorningkepco.

22 매울 때 물을 마시면 왜 더 매울까?

Jeff Cattel, "Mouth on Fire? The Best (and Worst) Ways to Get Rid of Spicy," *Greatist*, 2019. 9. 26., https://greatist.com/eat/best-way-to-soothe-burning-mouth.

23 오래된 책은 왜 노랗게 변할까?

Aylin Woodward, "Why Do Book Pages Turn Yellow Over Time?," *Live Science*, 2018. 9. 22., https://www.livescience.com/63635-why-paper-turns-yellow.html.

C. Claiborne Ray, "Yellowing Paper," *New York Times*, 2000. 5. 30., https://archive.nytimes.com/www.nytimes.com/library/national/science/053000sci-qa.html.

"So Why Do Book Pages Turn Yellow With Time?," *Scienceatlas*, 2022. 1. 5., https://science-at-home.net/strange-news/so-why-do-book-pages-turn-yellow-with-time/.

24 범행 현장에서 눈에 보이지 않는 혈흔을 찾는 원리가 뭘까?

"Luminol," *BVDA*, https://www.bvda.com/en/luminol.

4부 알아 두면 쓸데 있는 지구과학 호기심

25 숨을 많이 쉬면 지구의 산소가 부족해지지 않을까?

피터 워드, 김미선 옮김, 『진화의 키, 산소 농도』, 뿌리와이파리, 2012.

강석기, 「산소 생성의 비밀이 밝혀지다」, 《사이언스타임스》, 2014. 10. 10., https://www.sciencetimes.co.kr/news/%EB%8C%80%EA%B8%B0-%EC%86%8D-%EC%82%B0%EC%86%8C-%EC%83%9D%EC%84%B1-%EA%B3%BC%EC%A0%95%EC%9D%B4-%EB%B0%9D%98%80%EC%A7%80%EB%8B%A4/.

김병희, 「"10억 년 뒤에는 지구 산소가 사라진다"」, 《사이언스타임스》, 2021. 3. 8., https://www.sciencetimes.co.kr/news/10%EC%96%B5-%EB%85%84-%EB%92%A4%EC%97%90%EB%8A%94-%EC%A7%80%EA%B5%AC-%EC%82%B0%EC%86%8C%EA%B0%80-%EC%82%AC%EB%9D%BC%EC%A7%84%EB%8B%A4/.

김병희, 「지구 대기의 산소, 언제부터 영구적으로 생겼나?」, 《사이언스타임스》, 2021. 4. 1., https://www.sciencetimes.co.kr/news/%EC%A7%80%EA%B5%AC-%EB%8C%80%EA%B8%B0%EC%9D%98-%EC%82%B0%EC%86%8C-%EC%96%B8%EC%A0%9C%EB%B6%80%ED%84%B0-%EC%98%81%EA%B5%AC%EC%A0%81%EC%9C%BC%EB%A1%9C-%EC%83%9D%EA%B2%BC%EB%82%98/

김병희, 「지구의 산소는 어떻게 생성됐나?」, 《사이언스타임스》, 2021. 8. 9., https://www.sciencetimes.co.kr/news/%EC%A7%80%EA%B5%AC%EC%9D%98-%EC%82%B0%EC%86%8C%EB%8A%94-%EC%96%B4%EB%96%BB%EA%B2%8C-%EC%83%9D%EC%84%B1%EB%90%90%EB%82%98/.

이다예, 「[기고] 과학자들이 내놓은 경고 "세상이 완전히 뒤집혀야"」, 《녹색연합》, 2021. 8. 13., https://www.greenkorea.org/activity/weather-change/climatechangeacction-climate-change/89117/.

한승동, 「초기 공룡이 두발로 걸은 건 산소부족 탓」, 《한겨레》, 2012. 5. 18., https://www.hani.co.kr/arti/culture/book/533567.html

「'산소부족'하면 두통에서부터 불면증과 우울감까지 생길 수 있어」, 《동아일보》, 2021. 12. 13., https://www.donga.com/news/It/article/all/20211214/110784535/1.

"지구에 산소를 공급하는 비밀병기, 규조류를 아십니까?", National Geographic, 2018. 4. 10., https://youtu.be/nIWDnM9mZtY.

"지구의 생애 첫 '산소' 생성 스토리", National Geographic, 2018. 4. 21., https://youtu.be/YHMkUR7UtYg.

Kazumi Ozaki and Christopher T. Reinhard, "The future lifespan of Earth's oxygenated atmosphere," *Nature Geoscience*, 2021. 3. 1. pp. 138-142.,

Scott Denning, Amazon fires are destructive, but they aren't depleting Earth's oxygen supply," *The conversation*, 2019. 8. 26., https://theconversation.com/amazon-fires-are-destructive-but-they-arent-depleting-earths-oxygen-supply-122369.

26 강은 왜 윗면부터 얼까?

「빙산이 물 위에 뜨는 이유」, 에듀넷, https://www.edunet.net/nedu/contsvc/viewWkstCont.do?menu_id=82&contents_id=23f4eb90-3985-4ac0-a38e-e328a819af4e&sub_clss_id=CLSS0000000363&svc_clss_id=CLSS0000018043&contents_openapi=totalSearch&contents_openapi=totalSearch.

27 구름의 모양은 왜 다양할까?

「구름」, 기상학백과, 네이버지식백과, https://terms.naver.com/entry.naver?docId=5701923&cid=64656&categoryId=64656.

「구름의 모양」, 상위5%로 가는 지구과학교실3, 네이버지식백과, https://terms.naver.com/entry.naver?docId=3389474&cid=47340&categoryId=47340.

"Clouds," *NESDIS,* https://www.nesdis.noaa.gov/our-environment/clouds.

"How do clouds form?," *NASA Climate Kids,* https://climatekids.nasa.gov/cloud-formation/.

"Types of Clouds," *NOAA,* https://scijinks.gov/clouds/.

28 마른하늘에 날벼락은 정말 보기 힘들까?

기상청, 『2021 낙뢰연보』, 2022.

기상청 기상레이더센터, http://radar.kma.go.kr/lecture/lightning/network.do.

「마른하늘에 날벼락은 얼마나 칠까요?」, 《뉴스젤리》, 2014. 11. 10., https://contents.newsjel.ly/issue/thunderbolt/.

「번개와 벼락의 차이는?」, 《KISTI의 과학향기》, 2007. 11. 9., https://scent.kisti.re.kr/site/main/archive/article/%EB%B2%88%EA%B0%9C%EC%99%80-%EB%B2%BC%EB%9D%BD%EC%9D%98-%EC%B0%A8%EC%9D%B4%EB%8A%94?cp=2&sv=%EB%B2%88%EA%B0%9C&pageSize=8&listType=list&catId=11.

Cecily Tynan, "'Bolt from the blue': How lightning can strike suddenly, even while sunny," *6abc Action News,* 2021. 9. 1., https://6abc.com/nj-lightning-strike-berkeley-township-lifeguard-seaside-park-bolt-from-the-blue/10989197/.

Chris Dolce, "Why Dry Thunderstorms Are a Danger," *The Weather Channel,* 2017. 6. 27., https://weather.com/science/weather-explainers/news/dry-thunderstorm-dangers-wildfire.

Matthew Cappucci, "Bolts from the blue: Here's how lightning can strike when a storm is tens of miles away," *The Washington Post,* 2018. 6. 27., https://www.washingtonpost.com/news/capital-weather-gang/wp/2018/06/27/bolts-from-the-blue-heres-how-lightning-can-strike-when-a-storm-is-tens-of-miles-away/.

Paulina Firozi, "Here's what to know about dry thunderstorms and how they increase wildfire risk," *The Washington Post,* 2021. 6. 20., https://www.washingtonpost.com/weather/2021/07/20/dry-thunderstorms-wildfire-west/.

"SEVERE WEATHER 101," *NOAA(National Severe Storms Laboratory) NSSL,* https://www.nssl.noaa.gov/education/svrwx101/lightning/.

"What is a lightning Bolt from the Blue?" *Earth Science*, 2020. 11. 13., https://www.essearth.com/what-is-a-lightning-bolt-from-the-blue/.

29 지진은 왜 일어날까?

이기화, 「모든 사람을 위한 지진 이야기」, 사이언스북스, 2015.

기상청 온라인 지진 과학관 지진위키, https://www.kma.go.kr/eqk_pub/bbs/faq.do;jsessionid=7C8CB32741F190E396683D818866F5B7?fmId=1.

지진연구센터 홈페이지, https://www.kigam.re.kr/.

「지진」, 에듀넷, https://www.edunet.net/nedu/contsvc/viewWkstCont.do?contents_openapi=menu&clss_id=CLSS0000000361&menu_id=87&contents_id=468e9be6-37af-409d-adec-96efc111d88a&svc_clss_id=CLSS0000017859.

"arthquake Hazards Program," *USGS*, https://www.usgs.gov/programs/earthquake-hazards.

30 맨땅을 계속 파다 보면 물이 나올까?

국가지하수정보센터 홈페이지, https://www.gims.go.kr.

Christopher S. Baird, "How do wells get their water from underground rivers?," *Science Questions with Surprising Answers*, 2013. 7. 16., https://www.wtamu.edu/~cbaird/sq/2013/07/16/how-do-wells-get-their-water-from-underground-rivers/.

Scott Jasechko and Debra Perrone, "Global groundwater wells at risk of running dry," *Science*, https://www.science.org/doi/10.1126/science.abc2755.

"Groundwater: What is Groundwater?," *USGS*, https://www.usgs.gov/special-topics/water-science-school/science/groundwater-what-groundwater.

31 별은 태초부터 하늘에 박혀 있었을까?

「태양」, 에듀넷, https://www.edunet.net/nedu/contsvc/viewWkstCont.do?contents_id=94318492-7576-40bd-96b6-22ff63ef7e0d&svc_clss_id=CLSS0000017358&clss_id=CLSS0000000363&menu_id=82.

Catherine Zuckerman, "Everything you wanted to know about stars," *National geographic*, 2019. 3. 21., https://www.nationalgeographic.com/science/article/stars.

32 지구가 반대로 자전하면 어떻게 될까?

박건형, 「지구 자전 속도 점점 늦어져… 2억년 후엔 하루가 25시간」, 《조선비즈》, 2016. 12. 08., https://biz.chosun.com/site/data/html_dir/2016/12/07/2016120703187.html.

이성관, 「지구 회전이 빨라지고 있다… 점점 짧아지는 하루」, 《AI타임스》, 2022. 8. 5. http://www.aitimes.com/news/articleView.html?idxno=146224.

「낮과 밤이 생기는 까닭」, 에듀넷, https://www.edunet.net/nedu/contsvc/viewWkstCont.do?contents_openapi=menu&clss_id=CLSS0000000363&menu_id=82&contents_id=fs_a0000-2015-0702-0000-000000000126&svc_clss_id=CLSS0000055948.

「인공위성의 궤도」, 자바실험실, 2018. 12. 1., https://javalab.org/path_of_satellite/.

「태양계」, 한국천문연구원, https://astro.kasi.re.kr/learning/pageView/5142.

Mindy Weisberger, "What if Earth started spinning backward," *Livescience*, 2018. 4. 25., https://www.livescience.com/62405-what-if-earth-rotation-reversed.html.

Natalie Wolchover, "What If the World Stopped Turning?," *Livescience*, 2012. 5. 26., https://www.livescience.com/33944-world-stopped-turning.html.

"The climate of a retrograde rotating Earth," *EGU*, 2018. 10. 12., https://esd.copernicus.org/articles/9/1191/2018/.

사소해서 물어보지 못했지만 궁금했던 이야기 4

1판 1쇄 발행 2023년 6월 8일
1판 3쇄 발행 2023년 11월 24일

기획 사물궁이 잡학지식
지은이 김경민 권은경 김희경 윤미숙
펴낸이 김영곤
펴낸곳 (주)북이십일 아르테

책임편집 최윤지 **편집** 김지영
일러스트 빅포레스팅 **기획 보조** 박지연
표지 디자인 서채홍 **본문 디자인** 임민지
기획위원 장미희
출판마케팅영업본부 본부장 한충희
마케팅 남정한 한경화 김신우 강효원
영업 최명열 김다운 김도연
제작 이영민 권경민

출판등록 2000년 5월 6일 제406-2003-061호
주소 (10881) 경기도 파주시 회동길 201(문발동)
대표전화 031-955-2100 **팩스** 031-955-2151 **이메일** book21@book21.co.kr

ISBN 978-89-509-3592-4 04400
       978-89-509-0014-4 (세트)

아르테는 (주)북이십일의 문학·교양 브랜드입니다.

(주)북이십일 경계를 허무는 콘텐츠 리더

페이스북 facebook.com/21arte   블로그 arte.kro.kr
인스타그램 instagram.com/21_arte   홈페이지 arte.book21.com